国防科技图书出版基金

装备技术体系设计
理论与方法

Design Theory and Methods on
Armament Technology System of Systems

沈雪石　吴　集　安　波　邓启文
郭继周　王志勇　石东海　刘长利　编著

国防工业出版社

·北京·

图书在版编目(CIP)数据

装备技术体系设计理论与方法/沈雪石等编著.—北京：
国防工业出版社,2014.8
ISBN 978-7-118-09511-1

Ⅰ.①装...　Ⅱ.①沈...　Ⅲ.①武器装备-技术体
系-系统设计　Ⅳ.①TJ02

中国版本图书馆 CIP 数据核字(2014)第 147095 号

※

*国防工业出版社*出版发行

(北京市海淀区紫竹院南路 23 号　邮政编码 100048)
北京嘉恒彩色印刷有限责任公司
新华书店经售

*

开本 710×1000　1/16　印张 13　字数 242 千字
2014 年 8 月第 1 版第 1 次印刷　印数 1—2500 册　定价 59.00 元

(本书如有印装错误,我社负责调换)

国防书店:(010)88540777　　发行邮购:(010)88540776
发行传真:(010)88540755　　发行业务:(010)88540717

致 读 者

本书由国防科技图书出版基金资助出版。

国防科技图书出版工作是国防科技事业的一个重要方面。优秀的国防科技图书既是国防科技成果的一部分，又是国防科技水平的重要标志。为了促进国防科技和武器装备建设事业的发展，加强社会主义物质文明和精神文明建设，培养优秀科技人才，确保国防科技优秀图书的出版，原国防科工委于1988年初决定每年拨出专款，设立国防科技图书出版基金，成立评审委员会，扶持、审定出版国防科技优秀图书。

国防科技图书出版基金资助的对象是：

1. 在国防科学技术领域中，学术水平高，内容有创见，在学科上居领先地位的基础科学理论图书；在工程技术理论方面有突破的应用科学专著。

2. 学术思想新颖，内容具体、实用，对国防科技和武器装备发展具有较大推动作用的专著；密切结合国防现代化和武器装备现代化需要的高新技术内容的专著。

3. 有重要发展前景和有重大开拓使用价值，密切结合国防现代化和武器装备现代化需要的新工艺、新材料内容的专著。

4. 填补目前我国科技领域空白并具有军事应用前景的薄弱学科和边缘学科的科技图书。

国防科技图书出版基金评审委员会在总装备部的领导下开展工作，负责掌握出版基金的使用方向，评审受理的图书选题，决定资助的图书选题和资助金额，以及决定中断或取消资助等。经评审给予资助的图书，由总装备部国防工业出版社列选出版。

国防科技事业已经取得了举世瞩目的成就。国防科技图书承担着记载和弘扬这些成就，积累和传播科技知识的使命。在改革开放的新形势下，原国防科工委率先设立出版基金，扶持出版科技图书，这是一项具有深远意义的创举。此举势必促使国防科技图书的出版随着国防科技事业的发展更加兴旺。

设立出版基金是一件新生事物，是对出版工作的一项改革。因而，评审工作需要不断地摸索、认真地总结和及时地改进，这样，才能使有限的基金发挥出巨大的效能。评审工作更需要国防科技和武器装备建设战线广大科技工作者、专家、教授，以及社会各界朋友的热情支持。

让我们携起手来，为祖国昌盛、科技腾飞、出版繁荣而共同奋斗！

国防科技图书出版基金

评审委员会

前　言

随着以信息技术为核心的军事高技术在军事领域的广泛应用,武器装备不断向一体化、体系化方向发展,导致战场对抗已不再是单一功能的进攻性武器装备与防御性武器装备之间的简单对抗,体系对抗已成为当代信息化战争战场对抗的基本特征。因此,深刻认识军事高技术快速发展引发武器装备体系变化的规律和特点,认真分析支撑我军武器装备发展建设的装备技术体系,科学构建支撑我军武器装备发展建设的应用基础研究、应用研究和先期技术开发的装备技术体系,系统研究装备技术体系设计理论和方法,是我军加强装备体系建设和发展的重中之重。

著名科学家钱学森曾经指出,现代科学与技术呈现出相互依赖、相互促进的发展趋势,研究和总结其运动变化的规律,应当把科学技术作为一个整体系统来研究。装备技术体系是现代科学技术体系的重要组成部分,是武器装备发展的重要基础。必须以钱学森的系统科学思想为指导,对武器装备技术体系进行设计、优化、分析、评估以及预测等方面的研究,科学规划未来我军装备技术发展方向,优化技术体系结构设置,确保我军武器装备建设可持续发展。

本专著立足于武器装备技术体系设计理论和方法,针对我军装备技术体系设计与运用的实际,从装备技术体系设计的基本概念出发,力求对装备技术体系结构、结构设计、装备技术体系设计方法、装备技术体系分析与评估、装备技术预见理论和方法等基本问题进行全面、系统的探讨和论述,力求在方法论上结合目前该领域国内外最新的研究成果,为我军装备技术体系设计提供必要的理论和方法。

本专著共分 9 章。其中,第 1 章绪论是导入部分,主要论述装备技术体系设计在武器装备建设过程中的意义和作用,国内外在这方面进行的相关研究;第 2 章是基础部分,主要论述装备技术体系的基本概念、理论基础和研究方法等问题;第 3 章和第 4 章是装备技术体系结构设计部分,主要论述基本概念、装备技术体系结构、装备技术体系结构要素等基本问题,以及体系结构设计方法和装备技术体系结构构建等问题;第 5 章和第 6 章是装备技术体系设计部分,主要论述需求分析、设计调研、技术结构等设计基础问题,以及探讨设计要素、设计步骤等体系设计方法问题;第 7 章是装备技术体系评估与优化部分,主要讨论装备技术体系评估的方法、指标、步骤和优化问题;第 8 章是装备技术预见理论和方法,主要论述基本概念、技术预见总体框架、技术预见关键技术等问题;第 9 章是应用示例部分,主要结合实例,讨论所给的理论和方法的应用问题。

　　本书是集体劳动的成果,凝结了国防科技大学科研部国防科技与武器装备发展战略研究中心两年多的研究成果,全书由沈雪石、吴集负责统稿和编辑,总装备部武器装备论证中心游光荣、安波对本书的撰写给予了悉心指导。第 1 章由沈雪石撰写,第 2 章由安波撰写,第 3 章由郭继周撰写,第 4 章由郭继周、王志勇撰写,第 5 章由吴集撰写,第 6 章由吴集、石东海撰写,第 7 章由邓启文撰写,第 8 章由邓启文、刘长利撰写,第 9 章由刘长利、刘书雷、赵海洋撰写,国防科技大学信息系统与管理学院相关专家为专著的完成提供了无私的帮助。

　　由于对装备技术体系设计理论和方法问题的研究刚刚开始,本专著不可避免地存在着一些问题和不足,这既有该书涉及领域较为前沿,加上作者视角和能力的原因,也有研究深度不够的原因。我们将继续对装备技术体系设计理论和方法加以研究,不断加强相关理论、方法和技术的学习,从理论与实践的结合上不断创新我军装备技术体系设计理论。

作　者
2014 年 1 月

目　录

Contents

第1章 绪 论

　　装备技术是国防科学技术的重要组成部分,是国家国防科技水平的集中体现和突出标志,是国家安全的重要保证,是军队先进战斗力的源泉。装备技术发展,不仅为新型装备的研制、现役装备的改进提供物质技术基础,丰富和拓展军队作战的打击和防卫手段,提高军队的威慑能力和实战能力,而且将提高军事微电子、光电子、军用动力、精确制导、空间攻防、导航定位、目标探测等高新技术水平和大型武器装备的设计、制造能力,促进航空、航天、舰船、电子等国防科研体系的建立与完善,重大装备技术的突破能够带动国家国防科技水平质的飞跃,成为推动国防现代化建设的强大动力。

1.1 引　言

　　20世纪中叶以来出现并正在深化的世界新军事革命,就是以信息技术为核心的高技术的发展及其在武器装备发展中的运用,导致在军队建设和作战方式等一系列方面发生了深刻变化。现代战争中交战双方不再是单一兵器、单一战斗单位之间的对抗,而逐渐表现为由各种武器装备系统组合而成的武器装备体系之间的对抗,体系对抗成为现代战争的基本特征。著名的"木桶效应"理论认为,一只木桶要想装满水,必须使构成桶壁的每一块木板等高,如果其中任何一块木板高度不够,水就不能装满,而只能达到这块板的高度。某一种武器装备的先进或作战力量的强大,并不代表整个作战体系作战能力强,而某一项武器装备技术的"短板"则又有可能直接影响整体作战能力的发挥。只有各种武器系统的优势互补,才能发挥作战体系各要素紧密融合而形成的整体威力。这一点已经在近几场以美国为主导的现代局部战争中得到体现。美军将由多种侦察、预警手段构成的立体感知系统和由各军兵种、各作战单位的各种作战平台组成的火力打击系统,经信息处理网络和数据链系统相连接,高度融合,相辅相成,形成了全程近实时感知与远程精确打击有机结合的战场系统,基本做到了三军作战联合化、武器装备系统化、信息处理网络化、侦察打击一体化和指挥控制实时化,从而实现了作战能力质的飞跃。

　　为适应未来战争体系对抗的作战需求,世界主要国家都把发展武器装备技术作为保障国家安全、提升国际竞争力的基础和保证。围绕争夺技术优势的竞争日趋激烈,以高科技为核心的装备技术发展迅猛,加快构建适应当前任务和要求、适应科技发展的特点规律、前瞻未来发展、结构合理的装备技术体系。美国空军

2011 年公布了《技术地平线》（Technology Horizons）愿景报告，强调美国空军必须要广泛掌握新技术、大胆创新，使未来飞行器飞的更快、更高、更敏捷和更通用化，并给出了涵盖美国空军 12 项核心职能的 110 个具体技术。《技术地平线》报告只是愿景文件，不是计划文件，正是这种几乎完全不受约束力的愿景展望，其设想的技术比研究计划更加雄心勃勃。可见，装备技术体系发展，应瞄准世界新军事变革和未来作战样式发展的需求，依据军队武器装备体系建设与发展的实际需求，适应以信息技术为核心的高新技术迅猛发展的趋势，科学分析支撑军队武器装备发展建设的应用基础研究、应用研究和先期技术开发的技术体系，找准制约军队武器装备建设和发展的关键技术，构建能够支持军队武器装备科学发展的装备技术体系，推动军队武器装备成体系快速发展，对提高我军以打赢信息化条件下局部战争为核心的应对多种安全威胁、完成多样化军事任务的能力具有十分重要的意义。

当今世界正处在新科技革命的前夜，各国更加重视运用科学技术的力量来抢占未来发展的制高点。装备技术体系的研究必须站在国家安全和发展战略全局的高度，准确把握有效履行军队历史使命、加快推进武器装备现代化建设的需求，前瞻思考国家安全未来面临的挑战，前瞻思考科学技术发展大势，前瞻思考经济社会、资源环境对国防科技发展的支撑能力，科学确定对未来国防科技和武器装备发展至关重要的核心科学问题和关键技术问题。因此，应加强装备技术体系基础理论研究，大力发展装备技术体系设计技术，重点突破装备技术体系设计方法；装备技术体系结构分析、描述、评估、优化的技术与方法；以及装备技术预见方法等，开发装备技术体系设计综合支撑工具，为构建未来武器装备技术体系引领武器装备发展提供技术支撑。

1.2　国外研究现状

目前，国内外对装备技术体系结构顶层设计与优化方法的专门研究不多，相关研究蕴含在科技发展战略论证、军事需求工程研究和武器装备体系结构框架等研究中。

1.2.1　装备技术体系理论研究

美国、英国、北约分别制定了美国国防部体系结构框架 DoDAF 2.0、英国国防部体系结构框架 MoDAF 和北约体系结构框架 NAF 来指导武器装备和信息系统的顶层设计，并将其作为验证和评估新的作战概念、分析军事能力、完善装备体系、制定投资决策、制定作战规划等的重要依据和提高系统互操作性的有力保证。目前，国外正在探讨将体系结构的基础理论和体系结构设计方法学用于指导装备技术体系的设计和优化。

1. 概念内涵

目前,国外军事、民用领域均较少采用"technology system of systems"或者"technology system"、"technology group"来建立"技术体系"、"技术系统"或者"技术群"概念。相应地,国外研究主要采用"technology areas"(美国国防部国防科学技术战略 2003、Air Force 2025、英国国防部国防技术战略 2006)、"technologies"(美国国防科学委员会 21 世纪战略技术指向)、"thrusts and technologies"(DARPA 战略规划 2009)、"directions and areas"(法国国防计划署基础研究政策 DGA Basic Research Policy 2007)表示技术的群体概念。表1.1 总结了对上述国外技术群体概念的使用及具体技术领域设置。

表 1.1　国外技术群体属性描述及具体技术领域划分

国外研究	技术群体属性描述	技术领域
美国国防部国防科学技术战略(defense science and technology strategy)	技术领域 (technology areas)	• 数学、物理、仿生学等 12 个基础研究领域 • 电子、动力、空间等 19 个领域
英国国防部国防技术战略 (MOD：Defense Techno - logies strategy)	技术领域 (technology areas)	• 传感器技术、C^4ISTAR 技术、海上技术等 11 个技术领域
美国国防科学委员会 21 世纪战略技术指向 (21st Century Strategic Technology Vectors)	技术领域 (technologies)	• 自动化语言处理、时敏目标的常规打击、日/夜全天候广域监视等 12 个技术领域
美国 DARPA 战略规划 (DARPA Strategy Plan 2009)	资助领域和技术 (thrusts and technologies)	• 自成型战术网络、城区行动、无人系统等 9 大资助领域 • 量子科技、材料、电力和能源等 9 大核心技术
美国空军 2025 研究 (Air Force 2025)	技术领域 (technology areas)	• 材料、加工、计算机、传感器、动力等 13 项顶层技术
法国国防计划署基础研究政策 (FGA：Basic Research Policy)	方向和领域 (directions and areas)	• 计算—数学—自动化—信息处理、流体物理与力学/固体物理与力学等 8 个科学方向 • 纳米科技、能源、仿真等 6 个交叉领域

尽管未见到对装备技术体系概念内涵更深入的系统探讨,但国外凭借其军事科技的雄厚实力,在长期追求科技领先优势的过程中对装备技术体系的开发、表示和管理等进行了比较深入的研究,主要体现在装备技术体系构建要素及结构特征分析,各国从军事需求来开发装备技术体系、美国 DoDAF 2.0 和英国 MoDAF 研究

中对通用体系结构框架开发的指导等。在以下小节中将对世界主要国家在这些方面的研究作进一步的分析。

2. 装备技术体系构建要素及结构特征分析

国外相关装备技术体系方案的具体研究中,体现了对装备技术体系中技术条目定义、技术贡献度、技术标准、技术水平状态等构建要素,以及技术与技术之间层次性、关联性等结构特征的理解。表1.2对国外研究中体现的装备技术体系构建要素及结构特征进行了初步总结。

表1.2 国外对装备技术体系构建要素及结构特征的研究

类别	名称	体现
装备技术体系构建要素	技术条目定义	描述技术基本概念、研究内容、相关单位等,通常研究中对技术条目均有定义和说明
	技术贡献度	21世纪战略技术导向和Air Force 2025根据技术对能力(装备)的支撑关系和重要程度等,定义每项技术的贡献度
	技术标准描述	DoDAF、MoDAF在技术视图产品中进行定义技术应符合的国际标准
	技术水平状态	21世纪战略技术导向、国防基础研究政策使用
装备技术体系结构特征	系统—技术的映射	英国国防部国防技术战略2006、Air Force 2025、工作结构分解(WBS)通过逐级分解系统,直接关键技术方式建立系统与技术间的映射
	技术间层次性	通常研究中对技术均分为2~3个层次
	技术间关联性	技术路线图对技术间的相互制约关系和先后发展顺序进行绘图表示
	技术对能力的支撑程度	21世纪战略技术导向和Air Force 2025通过对技术发展预测及其影响的评估计算技术对能力的支撑程度

在国外的研究中,讨论装备技术体系构建要素及结构特征的具体表现时,对其中的一些构建要素和结构特征的使用进行如下说明:

(1)技术贡献度。《DARPA战略规划2009》是结合技术的层次要素,使用战略技术、战术技术描述技术重要度要素。《21世纪战略技术导向》和《Air Force 2025》则是根据技术对特定军事能力(装备)的重要度,以及该军事能力(装备)的重要度对技术进行排序,通过优先顺序描述技术在整个技术体系中的重要度。

(2)技术水平状态。美国最近的国防战略研究如《21世纪战略技术导向》和法国国防管理署的《国防基础研究政策》均采用技术成熟度(TRL)方法,通过定义技术的TRL水平描述体系的技术水平要素(表1.3)。

表 1.3　技术成熟度划分及其相应工作内容

等级及说明	主要工作内容
TRL 1：观察到基本原理并形成正式报告	实验室基本原理研究
TRL 2：形成技术概念或应用方案	
TRL 3：关键功能分析或实验结论经得起推敲	
TRL 4：实验室环境中的元部件和/或模拟验证	构建元部件或模拟验证
TRL 5：相关环境中的元部件和/或模拟验证	
TRL 6：相关环境（地面或太空）中的系统/子系统模型或样机的演示	相关环境下系统演示
TRL 7：在指定使用环境中的系统样机验证	样机或真实系统
TRL 8：完成了实际系统并通过试验和验证	
TRL 9：实际系统通过了成功的任务考验	作战验证

（3）系统—技术的映射。英国国防部国防技术战略 2006、《Air Force 2025》、工作结构分解（WBS）通过逐级分解系统，直接关键技术方式建立系统与技术间的映射。英国国防部国防技术战略提出使用技术结构树描述系统—技术的映射。

（4）技术层次性。国外在定义装备技术体系方案时通常分为 2~3 个层次。例如，美国国防科学技术战略将国防科学技术体系划分为 2 个层次：一级为基础研究、应用研究、先期技术研究；二级为基础研究包括数学、物理、仿生学等 12 个领域，应用研究包括电子、动力、空间等 19 个领域。

（5）技术关联性。技术路线图对技术间的相互制约关系和先后发展顺序进行绘图表示（图 1.1）。

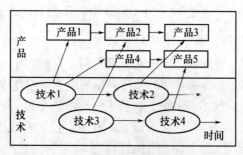

图 1.1　技术路线图对技术关联性的描述

3. 装备技术体系设计和优化研究的基本框架

装备技术体系设计和优化研究的基本框架是整个装备技术体系设计和优化理论研究和应用研究的指导。DoDAF 2.0 等研究中对通用体系结构框架开发的指导、各国从军事能力和武器装备的需求来开发装备技术体系等，为装备技术体系设计和优化研究的基本框架确定提供了借鉴。

5

DoDAF 2.0 在通用体系结构框架开发方法学上,提出包括六个步骤的体系结构框架开发总体过程(图1.2)。这六个步骤主要包括:明确体系结构的使用意图;确定体系结构的范围;确定体系结构开发所需的数据;采集、组织、关联和存储体系结构数据;为实现体系结构的目标进行各种分析;根据决策者的需要记录各种结果。

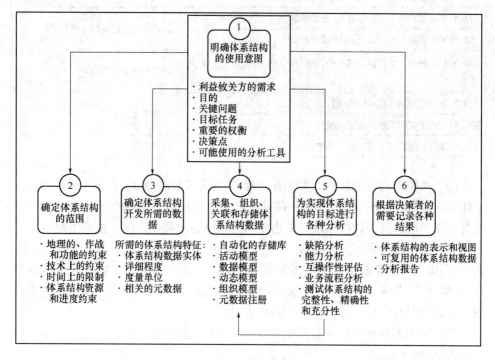

图1.2　DoDAF 2.0 提出的体系结构开发过程的六个步骤

美国国防科学委员会《21世纪战略技术导向》针对未来军事挑战研究新的军事能力和建议发展的关键技术。该研究组织军事专家对四年一度防务评审提出的战略任务提出39项新的关键军事能力,针对军事能力组织技术专家提出支撑技术领域和每个领域的支持技术,并通过专家评估技术成熟度、研究内容和费用估算等,辨识43项关键技术,最后,建立关键技术和军事能力建议的"军事能力—关键技术"映射进行打分排序,提出优先考虑排位前20名的关键技术,根据其技术成熟度进行分类资助(图1.3)。

此外,美国《Air Force 2025》研究也建立了从军事需求分析到装备技术体系论证的完整流程,《武器装备建设的国防系统分析》等文献进行了介绍。

总的来说,国外装备技术体系设计和优化的研究框架的特点主要有:

(1) 以明确的军事需求为出发点。如《21世纪战略技术导向》和《Air Force 2025》等均从四年一度防务评审或者空军对未来军事能力的需求出发,确保装备技术体系论证的结果始终为满足具体军事需求服务。

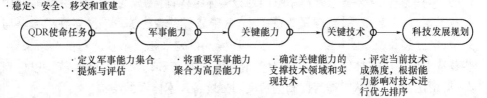

图 1.3　美军《21 世纪战略技术导向》研究的论证方法体系

（2）以装备技术数据为基础。DoDAF 2.0 的体系结构设计方法中突出强调了确定所需的数据和在论证过程中数据的维护，就装备技术体系结构框架设计而言，这里所指的数据即具体的装备技术数据。

（3）以定性定量方法为主要途径。在 DoDAF、《21 世纪战略技术导向》、Air Force 2025 研究中，各种分析工具、专家研讨、定量评估在装备技术体系的论证过程中发挥重要作用。

（4）以技术体系应用为目标。多视角体系结构产品的输出、与装备技术计划编制的衔接、指导未来装备发展建设是 DoDAF 等研究尤其强调的重点。

1.2.2　装备技术体系分析与评估研究

对装备技术体系结构的分析可以从两个方面来进行。一是从要素的角度，抽象出各种军事技术的本质特征，将本质特征概括成两个以上的要素，指出各种要素之间的关系。从不同的角度，可以抽象出不同的要素结构。二是从实体的角度，分辨出装备技术体系内的各种装备系统，指出各种装备系统之间前后相继或者空间远近的关系。要素结构是实体结构的基础，同时也是从实体结构中抽象出来的。实体结构是要素结构的具体表现形式，也是综合各种要素构建的结果。在装备技术体系与外部的关系中，输入点在要素结构上，而输出点在实体结构上。

要素结构分析是用抽象的方法，概括出装备技术体系的基本原则（要素），把握装备技术的实质。国外的研究者曾经提出过多种要素结构分析方法。苏联 H・A・洛莫夫上将等人在编著的《科学技术进步与军事上的革命》书中认为，军事术中起决定作用的是战斗武器，而战斗武器又可分为三种基本要素：杀伤手段、投掷手段和指挥器材。著名军事作家杜普伊主编的《国际军事与防务百科全书（International Military And Defense Encyclopedia）》中指出"科学可以提供更有效的杀伤手段、更好的防御措施、更简易的武器生产工艺、更快速的投掷系统、更强有力的战斗控制以及决定胜负的无数手段"。据此可以认为，军队装备技术体系可以分为杀伤手段、防御措施、武器生产工艺、投掷手段、战斗控制等五个要素。这种分类方法较之 H・A・洛莫夫上将等人的观点，加上了防御措施、武器生产工艺两个要素，更

7

为全面。

实体结构分析是将装备技术体系中的技术手段看成一个个实体,分析这些实体的空间关系。从装备系统作用范围划分实体结构,可以分为陆上装备系统、空中装备系统、海上装备系统、空间装备系统、电子战装备系统等。在装备技术发展历史中,这五类装备系统相互作用,使战场环境变得越来越复杂。从对抗关系来看,装备技术体系的实体结构可以分为攻击性装备系统和防御性装备系统。以色列Z·博南认为,可以从指挥与控制的角度划分装备技术体系的结构。

一般认为,现代技术评估发端于 20 世纪 50 年代开始盛行的技术预测(Technological Forecasting),即试图预测技术发展的趋势,帮助大的公司和政府机构制定技术的投资计划,当时如兰德(Rand)、哈德森(Hudson)公司等都做过此类研究。到 60 年代,随着资源、环境、人口等问题的凸显,使得科学技术表现出的双刃性成为人们关注的焦点,技术的负面影响往往要在其应用很长时期后才显露出来;而科学技术的高速发展及其随之而来的复杂性,使人们越来越难以对技术本身及其后果有直观明确的认识和把握。为了更好地利用技术,防止其对社会、环境等可能产生的消极影响,一种全新的研究方法首先在美国兴起,即技术评估(Technology Assessment,TA)。1972 年,美国国会通过技术评估法,并设立了技术评估机构(the Office of Technology Assessment,OTA),开始了 TA 的制度化。随后,欧洲许多国家和日本相继设立了类似的机构,我国在 1997 年也成立了国家科技评估中心。

从 20 世纪 80 年代开始,技术评估逐渐被认为是一种用来管理技术的战略工具,而不仅是一种决策过程中客观、中立的输入因素,新的技术评估模式开始涌现。1986 年荷兰技术评估组织(NOTA,即现在的 Rathenau 研究所)试验了一种新的评估思想和行为,其在"社会学习如何使用新技术"的研究中提出的从每项技术创新中拿出 1% 的资金用于技术评估的建议被一些项目采纳,这导致了技术开发者无意中对设计准则的扩展。如在通信技术开发的选择上,技术评估表现为这样一个过程:不同的技术开发商和其他社会群体的代表在技术的实际设计过程中进行讨论,直接带来了相关技术的深入发展和新的技术构思。后来,这样一种过程被称为建构性技术评估。

由于技术风险的复杂性、表现形式的多样性、产生结果的滞后性,以及难以量化等特点。因此,技术风险的评估方法采取了定性与定量相结合的研究方法。早在 20 世纪 60 年代,美国采用失效模式及影响分析(Failure Mode and Effect Analysis,FMEA)和关键项目列表(Critical Items List,CIL)方法对"阿波罗登月"项目进行风险管理。20 世纪 70 年代,美国核工业界开始尝试使用一种定性与定量相结合的故障树分析法(Fault Tree Analysis,FTA)对核工厂安全性进行风险分析。NASA于 20 世纪 80 年代开始使用概率风险评估(Probability Risk Assessment,PRA)这一定量风险分析方法对航天飞机的安全性进行定量评估。ESA 也已形成了使用 PRA 方法对航天系统进行安全性分析的标准。此外,风险因子评价法(Risk Factor Evaluation Method，RFEM）、等风险曲线法（Equirisk Contour Method，ECM）、模糊风险分析（Fuzzy Risk Analysis，FRA）、系统动力学（System Dynamics，SD）、网络分析法（VERT、GERT）和影响图法（Influence Diagrams，IDs）等也广泛应用于项目技术风险的评估中。Chapman 等人总结英国北海油田开发项目管理经验，提出了一种项目风险管理模式——综合应急评审与响应技术（Synergistic Contingency Evaluation and Response Techniques，SCERT），该模式由系统界定、系统构造、系统量化和系统评价 4 个步骤组成，具有一个比较完整的系统研究框架。1995 年，美国空军电子系统中心（Electronic System Center，ESC）采办工程小组提出了一种新的项目风险分析方法——风险矩阵法（Risk Matrix Method，RMM），该方法在美国国防物资采办风险管理方面得到了广泛的应用。其主要思想是从项目的需求和技术可能性两方面进行项目风险（风险集）识别和风险概率计算，并构建风险矩阵。其优点在于可识别关键风险，并加强项目要求、技术与风险之间的相互关系分析。NASA 还结合层次全息模型 HHM，提出通过风险过滤、排序和管理框架（Risk Filtering，Ranking and Management Framework，RFRM）对高技术项目的风险进行量化分析。

美军和英军分别建立了 DoDAF 2.0 和 MoDAF 两个国防体系结构框架指导文件，用于对指导武器装备体系结构建设实施的技术标准轮廓和技术实施指南进行描述。但现有的研究还不能解决装备技术体系结构设计中的军事需求获取、技术谱系构建等问题。

关于装备技术体系分析与评估方法的研究，主要工作集中在以下五个方面：

——技术成熟度（TRL）评估方法

1969 年，NASA 在"阿波罗登月"项目中就产生了需要评估项目新技术成熟度的观点，这可以认为是技术成熟度的起源。经过数十年的发展完善，美国国防部已经以法定的形式要求每个国防采办项目都要进行技术成熟度评估。其他国家以美军技术成熟度评估理论为基础，也开发出了一些技术成熟度评估体系：如英国国防部开发了技术嵌入度量标；加拿大国防部开发了"技术成熟度水平体系"。

但是基于 TRL 的技术评估存在两个主要的问题，一是只开展到系统层面，并没有说明某项技术对于体系完成使命任务的定量支持程度，即技术对于武器装备体系完成使命的贡献程度；二是最终给出的只是一个相对模糊的评价结果，并没有给出定量关系。

——试验评估方法

试验评估方法即物理实验方法，这种方法将技术转化为装备，然后进行靶场实验或者实兵演练，这种方法最为有效、最符合实际，但对于时间和费用的要求都很高，因此在资源有限的条件下，难以实现。

——战争推演方法

战争推演是基于仿真的实现，以仿真来代替描绘真实的情形。战争推演可以用于对抗模拟，来识别对未来军事行动有重要影响的可能的新技术。战争推演依赖于专家判断,不能完全实现体系的完整效果,缺乏可描绘性。

——基于科学顾问小组的技术评估方法

该方法的主要内容是组织有关领域的专家组成科学顾问小组,以小组讨论的形式,分析特定领域的相关技术的影响。显然这是一种类似于头脑风暴法的研究方法,得到的结论往往过于主观,严重依赖于专家经验,难以全面准确评估技术对体系的影响。

——定量化技术评估

美国空军实验室(Air Force Research Laboratory,AFRL)致力于研究"集成新方法、工具和现有'工业标准'的工具以高效测试新技术对航空系统能力的效果"的定量化技术评估方法,目的是使得这种方法能够定量评估技术对装备系统关键能力的影响。定量化技术评估方法(Quantitative Technology Assessment,QTA)提供了供研发者决策的可追踪过程。QTA 方法的关键技术是构筑仿真和参数建模。

1.2.3 装备技术发展预测研究

技术发展方向分析预测是规划和调整科技发展战略、重点领域与行动计划的基础,可以有效地提高资源配制效率。因此,近年来技术预测研究得到了美、日、英、德等主要发达国家的高度关注,在理论、方法及应用等方面进行了大量的研究工作,逐渐形成了专家论证会法、德尔菲(Delphi)法、情景分析法、相关矩阵法、层次分析法(APH)、决策树法等几种主要方法,建立了较为完善的预测程序,已经综合运用多种方法,开展了多轮关键技术发展预测研究。

1. 国外技术预测实践

美国国会早在 1976 年就成立了"国会未来研究所",对科技、经济、社会发展等方面的问题进行预测。美国总统办公厅科技政策办公室 1990 年成立"国家关键技术委员会",从 1991 年开始向总统和国会提交双年度的《美国国家关键技术报告》。国家科学基金会每 5 年进行"科学技术五年展望",定期向国会报告。联邦政府的许多部门也对预见工作十分重视,如国防部根据现代战争特点,每年拨专款进行研究。此外,兰德公司、华盛顿大学等一些民间机构也开展了许多科技前瞻研究。华盛顿大学在 20 世纪 90 年代初开展的对 21 世纪前 30 年的技术预测,综合采用了实际调查、趋势分析、德尔菲调查及提出构想等方法。实际调查法就是通过调查各种资料,广泛访问学者和企业家,鉴别正在涌现的新技术。趋势分析法就是在确定的技术领域内,挑选 5~10 个最具战略意义的重大技术进行发展趋势研究。这两种方法的目的在于确定新技术项目。德尔菲调查法主要用于对技术发展趋势进行预测。

日本政府也高度重视技术预测工作,从 1971 年开始,日本科技厅每 5 年组织实施一次全国范围的技术预测调查,其结果为制定科技发展战略和政策提供了科学依据,迄今已进行 9 次。2010 年 6 月,日本公布了第 9 次技术预测的研究成果,

2800多名科学家、技术人员就832个重大科技项目在今后40年普及和应用时间进行了预测。经过多年来的不断发展和完善,日本科技预测调查已经成为一种比较成熟、规范的基础调查工作方式。其预测结果不仅广泛应用于政府制定科技发展战略和计划之中,而且为企业、高校和研究机构提供了未来科技发展的全面信息。

德国进行的首次技术预测是1992年与日本联合进行的,第2次调查于1998年完成,共有2000多位来自企业、管理层、高校和研究机构的专家参与调查,涉及12个技术领域的1000多项技术。2001年,德国发起了"Future计划",旨在通过社会各界的广泛对话来识别未来科学技术研究的优先领域。"Future计划"改变了传统的技术预见模式,在不抛弃德尔菲调查法的前提下,很好地运用了情景分析法,实现了情景分析、课题研究和专题研究的结合。

英国工业界在20世纪60年代末就率先实施技术前瞻研究,1993年英国政府发表了《实现我们的潜能》科技白皮书,首次提出国家技术前瞻研究计划,以拉近科学界和产业界的距离,把握技术发展趋势,寻找潜在的市场机会。1994年,英国采用以德尔菲为主的方法对16个行业未来10~20年内的发展趋势进行全面评价和分析。1999年,英国启动了第2次技术预测,并紧接着开始了第3次技术预测活动。第3次预测活动以专家会议、文献计量和一些未来学研究方法等作为技术预见研究的主要方法,避免简单趋势外推。

此外,法国在1999年也开展了第二次关键技术选择研究,主要采用专家会议和德尔菲调查法。韩国于1993—1994年和1998—1999年组织实施了两次德尔菲调查,涉及15个技术领域,1000余项技术。印度于1996年采用情景分析和专家会议方法,开展了第一次技术预测研究。

2. 主要技术预测方法

迄今为此,技术预测的方法多种多样,不同的国家在从事技术预测工作时会选择不同的技术预见方法或若干方法进行组合。常见的方法包括德尔菲调查法、情景分析法、相关树法、趋势外推法、头脑风暴法(专家会议法)、相关矩阵法、层次分析法、关键技术法(专家咨询法)、专利分析法、文献计量法等,这些方法各有优缺点,适用于不同情形。日本曾经对247个研究机构所用的预测方法进行调查,发现德尔菲调查法。情景分析法和相关树法是进行长期预测的主要方法,非常适合技术预测,但需要耗费大量的时间和经费。

日本前7次技术预见均主要采用德尔菲调查法,而第8次除使用德尔菲调查法外,还采用了基于文献计量法对快速发展的领域进行预测研究。文献计量法是以数学、统计学为基础,是一种定量分析方法。所以在方法上文献计量法具有客观、量化、系统、直观的特点。

(1)客观性。用事实和数据说话,是文献计量法客观性的主要体现。其对象是文献,其结果是依赖于实体形态的科学论文而产生的,而不是凭空分析对象背后可能的含义。

（2）量化性。文献计量法通过将文献特征表示成一些数量指标来进行统计和推测，涉及某些定量化过程。以几个经验定律为核心，直接对一个个的文献外部特征等予以计数，所使用的数学模型略微复杂。

（3）系统性。一般而言，文献计量对象是大量的、系统化的、具有一定历时性的文献。系统化调查取样是进行数据统计的基本前提，必须有足够的数据来克服可能出现的随机偏差。

（4）直观性。最后用直观的数据来表述分析的结果，看起来一目了然。

但文献计量法的任何实际应用都必须要有一定的资料支持，必须建立系统化、规范化的资料来源工具和原始资料的获取渠道。

1.2.4　装备技术体系设计研究

装备技术体系设计研究主要集中在技术体系结构研究和体系结构框架研究两个方面，重点研究技术体系结构的标准和规范、体系结构框架构建的流程等问题。

1. 技术体系结构研究现状

技术体系结构规定了开发和采办国防部系统需要强制执行的信息技术标准和指南，是实现所有系统之间互操作的重要保证。许多国家十分重视技术体系结构的开发，美军自 1996 年 8 月颁布《联合技术体系结构》（JTA）1.0 版以来，已不断更新，出台了 JTA 6.0 版。JTA 6.0 第一次把"实施 DoD 向网络中心战环境的转型"作为 DoD JTA 的目的提出。从发展过程来看，JTA 在指导思想上基本没太大的变化，其应用域、子域、核心部分内容有所扩展和变化，相应的标准也有所变化。

为了适应以网络为中心的军事转型战略，2004 年 7 月 15 日，美国国防部宣布由国防信息技术标准注册系统（DISR）代替联合技术体系结构（JTA），从而实现了信息技术标准的编制、选用、维护等过程的网络化和实时动态的管理，并具有辅助生成/修改标准配置的功能。从 JTA 到 DISR，可以说就是网络中心化转型在美军信息系统标准化工作中的最具体的体现。

在网络中心概念的大背景下，美军联合技术体系结构的目的是为了实现网络中心设想和对国防部已有的信息技术基础设施和系统的转型。通过建立 DISR，并实行相关的运作程序，信息技术标准数据库的更新速度大大加快，有利于信息系统在满足网络中心与互操作性要求的基础上不断更新升级。从 DISR 取代 JTA 这一表象继续挖掘本质原因，可以看出美军现在的指导思想是强调"以网络为中心"而不是"以平台为中心"，强调形成全球信息网格（GIG），突出了"以网络为中心"企业服务的集成与作用，强调体系结构的一体化，强调利用体系结构支持国防部需求生产系统、规划与预算系统以及采办管理系统，强调使用通用建模语言构建核心体系结构数据模型。随着 DISR 取代了 JTA 6.0，联合技术体系结构本身也由一份文件转变成一个基于网络的软件产品，其本身也实现了网络中心战环境下的转型。DISR 将成为信息系统与信息技术标准的桥梁，更好地推动美军信息系统建设向

"全球信息栅格"目标的进军。

　　为解决未来多国联合作战条件下信息系统之间的互操作问题,北约 C^3 理事会信息社会科学委员会专门成立了北约开放式系统工作组(NOSWG),并从 1997 年开始专门负责开发"北约 C^3 技术体系结构"。北约各成员国以该体系结构为基础,也竞相开发各自的技术体系结构,进一步完善了北约 C^3 技术体系结构。例如,荷兰国防部依据北约 C^3 技术体系结构,开发了国防信息管理体系结构(DIVA)。该体系结构主要包括业务领域、信息系统以及信息与通信技术方面的内容,并根据荷兰的 C^2 系统的具体情况,将北约 C^3 技术体系结构中的网络服务分为网络服务和通信服务两类。西班牙国防部也开发技术体系结构,以通过确定技术参考模型,规范标准和产品,指导其 C^3 信息系统和管理信息系统的开发。此外,英国也开发了国防技术体系结构(DTA),包括适用于所有国防部和信息系统的政策、标准和规范。

2. 体系结构框架研究现状

　　体系结构框架作为支持国防信息系统发展和主要决策流程的重要支撑架构和管理体系,在美、英和北约等军事强国或军事集团受到了广泛重视,各军事强国或军事集团不断修改完善其体系结构框架,推出新的版本。2007 年 10 月,北约体系结构框架修订联合机构(NRS)发布了《北约体系结构框架》3.0 版(NAF 3.0);2008 年 9 月,英国国防部发布了《英国国防部体系结构框架》1.2 版(MoDAF 1.2);2009 年 5 月,美国国防部首席信息官颁布了《美国国防部体系结构框架》2.0 版(DoDAF 2.0)。NAF 3.0、MoDAF 1.2 和 DoDAF 2.0 是到目前为止,美、英、北约体系结构框架的最新版本,三个新版本呈现了许多变化和特点,提出了许多新观点,将体系结构框架研究带入了一个新阶段。总的看来,按照体系结构框架方法设计的体系结构,已成为分析、验证和评估作战概念、构建武器装备体系、制定采办决策、保证各种系统互操作的重要手段。

1.3　国内研究现状

　　我国在这方面的研究,总体上起步比较晚,在技术体系、分析与评估、技术预见等方面开展了一些研究,特别是在技术预见方面取得了丰硕的成果。但装备技术体系的研究还显得零星,特别是在支撑装备技术体系构建的基础理论和方法的研究方面基本还是空白。

1.3.1　装备技术体系理论研究

　　康学儒在 2007 年出版的《军事技术论》一书中,对军事技术的本质、属性、规律以及机理、模式、机制等基础问题从哲理的角度进行了论述,并针对军事技术发展面临的重大机遇和挑战,围绕推进军民技术大融合、在大转移中提升创新能力、在现代科学的支撑下实现军事技术的突破、塑造以技术人本主义为主旨的技术文化以及为军事技术系统变革提供法律保障等方面提出了意见和建议。

杨宏伟、郭小亮等提出了装备技术体系结构设计应具有不同视角的观点，指出可以从装备全寿命周期、装备工程技术、装备管理技术三个视角对装备技术体系结构进行定制，针对三个视角提出四种相应的装备技术体系设计方法，包括装备全寿命周期规划法、技术分类规划法、应用主体规划法和综合三种方法的综合规划法。任长晟等在 DoDAF 的技术标准轮廓和未来标准预测属性基础上，对技术视图的层次关系、技术指标、技术水平、技术对能力的支撑关系等内容进行了补充并建立了描述技术体系结构的产品。

其他相关研究还包括：钱学森同志对现代科学技术体系的划分；科技哲学领域对技术系统、技术体系概念的研究等。

1.3.2 装备技术体系分析与评估研究

装备技术体系的结构具有层次性。从整体上看，可以从装备技术体系中抽象出要素结构，分析实体结构。在分析实体结构时，可以从单个技术手段的联系入手，也可以从各个装备系统入手。如果分析装备系统，其内部又可以抽象出要素结构和实体结构（装备系统的子系统及子系统之间的关系）等。

要素结构分析是用抽象的方法，概括出装备技术体系的基本原则（要素），把握装备技术的实质。国内的研究者也提出过多种要素结构分析方法。陈念文等人按照技术的表现形式，将技术分为主体要素和客体要素两大类，主体要素又分为经验、科学知识和技能三部分；客体要素（图 1.4）分为工具（包括机器、设备）、能源、材料三部分。这种分析方法是针对一般技术，而不是专门针对装备技术的，但是对装备技术体系结构的分析具有指导意义。刘戟锋将军事技术体系分为打击力、防护力、机动力和信息力四个要素。这种分析方法的重点放在军事技术体系的功能方面，对于分析装备系统的历史演变和功能特点来说，这种方法非常方便有效。温熙森和匡兴华则按照学科专业分析了军事技术体系的要素结构，将之分解为兵器科学与技术、舰载武器及设备、航空与航天技术、原子能科学与技术、材料科学与工程、能源技术、化学与化工、机械工程、电子学与通信、自动控制、计算机技术、测绘学、生物学、医学、应用数学、军事工程学、军事系统工程等 17 个要素。

实体结构分析是将装备技术体系中的技术手段看成一个个实体，分析这些实体的空间关系。从对抗关系来看，装备技术体系的实体结构可以分为攻击性装备系统和防御性装备系统。温熙森等人根据装备系统的结构和使用特点，将装备系统划分为 14 大类，即枪械、火炮、装甲战斗车辆、舰艇、军用航空器、军用航天器、制导武器、弹药、大规模杀伤性武器、军事电子信息系统、军事工程装备、三防装备、后勤保障装备、其他装备等。

国内也有部分学者开展了武器装备技术风险管理的研究。顾基发首次在国内

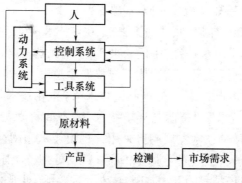

图 1.4　客体要素结构

介绍了 PRA 方法的基本思想和实施过程,并探讨了中国航天系统安全性分析中使用 PRA 方法的可行性;赵丽艳对 PRA 进行了改进,将改进后的 CPRA(Chinese PRA)应用于中国运载火箭重要子系统的安全性分析中;徐哲提出了一种定性与定量相结合的基于风险因子模糊评价法的技术风险评估模型,引入风险特征因子的概念,将直接对风险大小的打分转化为对风险特征因子的打分,请专家对自己熟悉的内容进行评价,以保证评估的有效性和正确性,并结合一个航空预研项目进行了实证研究。

国防科技大学、国防大学等单位,从科学技术哲学的角度,对军事技术体系结构的概念进行了研究,提出了基于装备系统构建的物质手段、经验技能、理论知识等因素的结构分析方法,并对军事技术革命、攻防对抗以及军事技术发展的无限可能性等方面进行了理论分析与研究。海军装备研究院围绕海军装备建设与发展的需要,也相继开展了一些有关海军装备技术系统构成等方面的分析研究等。

1.3.3　装备技术发展预测分析研究

我国对技术预测工作也高度重视,国家科技部、中国科学院对技术预测的理论、方法和应用框架从不同的角度进行了尝试和探索,开展了多次技术预测工作。

2003—2006 年,中国科学技术发展战略研究院承担了国家科技部"国家技术路线图研究",科学梳理了国民经济和社会发展对科技发展的 5 项战略需求,凝练了需要重点完成的 30 项战略任务;在此基础上,对信息、生物、新材料、能源、环境资源、先进制造、农业、人口健康、公共安全等 9 个重点技术领域在 2005—2020 年的技术发展进行预测研究。主要任务包括:经济和社会发展需求分析,未来 15 年我国技术发展研究,关键技术选择。预测方法采用德尔菲调查法为主,同时综合运用文献调查、专家会议、国际比较和其他研究方法。在德尔菲调查中,首先设计了备选技术清单,建立了技术预测谱系;通过对每个领域 400～500 名专家开展技术预测,总共获得 794 项候选技术发展重点(每项技术包括技术描述、发展趋势、现状和差距、发展重点);在技术框架设计上,建立了与战略任务关联的科技领域、国家关键技术、发展重点(重要性指数、研发基础等)。

中国科学院于 2003 年启动了"中国未来 20 年技术预见研究"。其主要研究内容包括系统化技术预见方法研究,中国未来 20 年情景构件与科技需求分析、大规模德尔菲调查、政策分析和跟踪监测体系与数据库建设方案设计。在技术预测部分,对"信息、通信与电子技术"、"先进制造技术"、"生物技术与药物技术"、"能源技术"、"化学与化工技术"、"资源与环境技术"、"空间科学与技术"和"材料科学和技术"八个技术领域的技术发展趋势采用大规模德尔菲调查法进行了研究。整个调查分为问卷调查表设计、问卷调查和调查数据处理三个阶段。德尔菲调查法的调查表主要包括对该技术的五大判断:技术的重要性(对促进经济增长的重要程度、对提高人民生活质量的重要程度、对保障国家安全的重要程度)、中国当前发展水平(国际领先、接近国际水平、落后国际水平)、技术的可能性、预计实现时间(2010 年前、2011—2020 年、2020 年后)、技术的可行性(制约因素:技术可能性、商业可能性、法规/政策/标准、人力资源、研发投入、基础设施)、技术合作与竞争对手、目前领先国家。为了区分专家对备选技术的熟悉程度对判断的影响,把专家对技术的熟悉程度分为四级:"很熟悉"的专家是指有深厚研究积累的专业研究人员;"熟悉"的专家是指在同一技术方向开展研究并有一定研究基础的专业技术人员;"较熟悉"专家曾经阅读或听说过该技术,基本清楚该课题的发展前沿和热点,但不是这方面的专家;"不熟悉"的专家指根本不了解技术的其他人员。在调查结果的统计、分析阶段,对单因素重要程度指数,三因素综合重要程度指数,技术预计实现时间,技术实现可能性指数,技术我国目前研究开发水平指数,专家认同度等指标进行了计算。

2010 年 6 月,中国科学院还发布了《创新 2050:科学技术与中国的未来》系列研究报告,报告从经济持续增长和竞争力提升、社会持续和谐发展、生态环境持续进化与人类社会协调等三大目标出发,面向中国现代化建设,前瞻思考人类文明进步走向,前瞻思考世界科技发展大势,前瞻思考现代化建设对科技的新要求,采用多种技术预见方法,分为近期(2020 年)、中期(2030 年)、长期(2050 年)三个阶段,分析了至 2050 年我国现代化建设对 18 个领域,包括能源、水资源、矿产资源、海洋、油气资源、人口健康、农业、生态与环境、生物质资源、区域发展、空间、信息、先进制造、先进材料、纳米、大科学装置、重大交叉前沿、国家与公共安全的战略需求,重点刻画核心科学问题和关键技术问题,并从我国国情出发设计了各领域相应的科技发展路线图。

在国防技术发展预测方面,我国也开展了一系列研究工作。自 1991 年起,原国防科工委依靠专业组专家和国防科技管理专家,在国防口采用德尔菲专家调查法及层次分析法,对我国国防关键技术进行了预测和选择。国防科技大学探索了以大规模德尔菲调查为核心的技术发展预测方法和应用体系,研究以军事应用为背景的技术预测清单确定原则和实现方法、德尔菲调查问卷指标体系设计框架、问

化联合作战武器装备的技术体系面临高度不确定性和复杂性,给规划、计划国防科技的发展带来了巨大的挑战。通过研究发现,构建装备技术体系主要存在以下问题:第一,对装备技术体系基础理论和应用方法的研究还不够系统、全面,研究的深度还不够;第二,没有形成完整的、权威的装备技术体系设计和优化的方法、流程和指标体系,缺少系统的理论支撑,定性分析较多,定性和定量结合不够;第三,装备技术体系结构设置的程序不够规范,主要靠专家和决策者的会议讨论形式来确定,管理者和专家的个人意见影响很大,主观随意性较强;第四,装备技术体系涉及领域广泛,且相关技术发展迅速,影响因素复杂,目前有关装备技术体系设计理论、方法的针对性研究还比较缺乏,研究也不够深入、系统;第五,技术发展预测理论、方法研究和实践经验与国外相比还存在一定差距,没有形成一套完善的关于装备技术发展预测的方法、标准、指标体系,装备技术发展预测的成果对科学决策的支撑不够。以上五个方面因素导致装备技术体系设计缺乏科学理论和方法的支撑,导致装备技术体系设计面临巨大的挑战。

因此,本书瞄准为提高装备技术体系设计的科学性,立足于武器装备技术体系设计理论和方法,针对我军装备技术体系设计与运用的实际,从装备技术体系设计的基本概念出发,对装备技术体系结构、结构设计、装备技术体系设计方法、装备技术体系分析与评估、装备技术预见理论和方法等基本问题进行全面、系统的探讨和论述,力求在方法论上结合目前该领域国内外最新的研究成果,突破武器装备技术体系设计和优化方法,以装备技术体系设计为重点,为我军装备技术体系设计提供必要的理论和方法。

1.4.2 本书的逻辑架构

本书遵循以下逻辑思路:首先界定装备技术体系设计研究的核心问题及其学术价值,讨论国内外装备技术体系理论和方法研究的现状;其次对研究涉及的相关概念、理论基础和研究方法进行研究;接着融合多领域的理论研究,对构建装备技术体系的结构要素进行识别,在此基础上构建装备技术体系结构的整体理论框架。在装备技术体系结构理论的指导下,后续分别对装备技术体系设计的需求分析、设计调研、技术结构等设计基础问题,以及探讨设计要素、设计步骤等体系设计方法问题进行深入研究。接着开展装备技术体系优化和评估、装备技术预见理论研究,主要针对装备技术体系优化和评估、技术预见总体框架、技术预见关键技术等问题开展研究。最后,结合实例,运用所研究的理论和方法开展应用研究。本书的逻辑架构如图1.6所示。

1.4.3 本书的主要内容

本书共分9章。其中,第1章绪论是导入部分,主要论述装备技术体系设计在武器装备建设过程的意义和作用,国内外在这方面进行的相关研究;第2章是基础

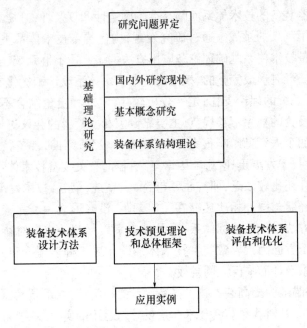

图 1.6　本书的逻辑架构

部分,主要论述装备技术体系的基本概念、理论基础和研究方法等问题;第 3 章和第 4 章是装备技术体系结构设计部分,主要论述基本概念、装备技术体系结构、装备技术体系结构要素等基本问题,以及体系结构设计方法和装备技术体系结构构建等问题;第 5 章和第 6 章是装备技术体系设计部分,主要论述需求分析、设计调研、技术结构等设计基础问题,以及探讨设计要素、设计步骤等体系设计方法问题;第 7 章是装备技术体系评估与优化部分,主要讨论装备技术体系评估的方法、指标、步骤和优化问题;第 8 章是装备技术预见理论和方法,主要论述基本概念、技术预见总体框架、技术预见关键技术等问题;第 9 章是应用示例部分,主要结合实例,讨论所给的理论和方法的应用问题。

第2章 装备技术体系基本概念与特点

装备技术体系的基本概念主要涉及到科学技术、国防科技、军事技术、装备技术,以及科学技术体系、国防科技体系、装备技术体系等概念,本章将围绕这些基本概念进行系统阐述。

2.1 基本概念

与装备技术体系相关的基本概念非常多,本节首先将对一些相关术语进行定义,并给出其内涵,然后讨论科学技术体系、国防科技体系和装备技术体系等概念。

2.1.1 相关术语

装备技术体系涉及的相关术语包括科学技术、国防科学技术、军事技术、装备技术,以及体系与系统,它们之间存在一定的异同性,有必要对这些术语所包含的定义和内涵进行阐述,以便能更好地开展装备技术体系内涵的研究。

1. 科学技术

科学技术涉及到科学和技术这两个概念,是两个复杂的历史范畴,在不同的发展阶段包含不同的内容。而且,即使到了今天,人们仍没有对这两个概念的定义取得一致的看法,以致于权威的百科全书都没有将这一概念列为条目。

一般认为,科学技术是指人类掌握、认识和应用客观自然规律的实际能力。"科学"和"技术"是两个可以转化的概念,科学是人类对客观世界的认识,是形成理论体系的自然知识、社会知识和思维知识的总和,其目的是认识自然、社会、思维的特点与规律,其成果是观念形态的科学知识,这些知识主要是以科学文献(如科学论文、专著、实验研究报告等)为载体记录下来的,它是适应人类社会实践的需要而产生和发展的,是人类实践经验的升华和结晶。"科学是一种在历史上起推动作用的革命的力量"(《马克思恩格斯选集》第3卷,第124页)。科学的任务是揭示事物发展的客观规律,探索客观真理,指导人们改造世界。科学包括自然科学、技术科学、社会科学和人文科学等。技术则是自然知识在生产过程中所积累起来的经验、方法、工艺和能力的总和。其目的是设计、制造、使用、维修用于生产与生活的工具及手段,其成果是物化的产品和用于制造物化产品的知识、经验和技能等。技术是物化的科学,是直接的生产力。科学和技术属于不同的范畴,既有区别又有联系,在人类社会发展中相互渗透、相互转化、相互促进。

在科学技术高度发达的今天,科学与技术之间广泛的交叉渗透,已很难划分一条明确的界线。纯粹的科学与技术只存在于一个大范围的最边缘的地方,而边缘之间的广大地区则是科学与技术大致只有同等分量或处于同等地位的各种中间形式的社会活动。于是,存在两种情况:一方面,由于科学对技术的指导作用,不仅技术而且科学本身也越来越变成了社会的直接生产力。一个国家如果没有科学研究,就没有先进的技术;反之,如果没有先进的技术,也就不能开展高水平的科学研究。注重科学而忽视技术,可能导致有许多理论研究成果,但却没有可以占领市场的高质量的产品(即先进的科学,落后的技术);注重技术而忽视科学研究,可能导致技术上因缺乏发展潜力和发展基础而逐渐落后,直至停滞不前,进而科学研究每况愈下(即不稳固的技术,落后的科学)。另一方面,由于现代科学技术高度综合化发展的结果,两种社会活动已融汇为一体:科学研究课题往往需要使用昂贵复杂的仪器设备,涉及许多技术问题;技术上的研制和开发,特别是许多现代工程项目,往往需要多学科的理论来指导。这就要求科学家要懂技术,工程师也要懂科学。人们已无法就某个专业领域明确区分出什么是科学,什么是技术。换言之,现在几乎不存在"没有技术的科学",也不存在"没有科学的技术"。正是在这种意义上,科学与技术这两个概念已融汇成科学技术这一统一的概念。在现代的科研结构中包括基础研究、应用研究和发展研究,而且技术开发(技术上的发明创造活动)也已统一到科研这一范围之内。这就是说,现代的科学研究实际上是传统的科学研究和技术研究的总和或统一体。

2. 国防科学技术

《中国人民解放军军语》(2011 版)将国防科学技术定义为"直接应用于国防领域的自然科学和应用技术的统称"。由此定义可知,国防科学技术是科学技术的重要组成部分,具有一般科学技术的普遍特点和规律。同时,国防科学技术的产生和发展,以及其所涉及的学科门类、研究对象和内容,都是与整个科学技术的发展密切联系在一起的。

国防科学技术实际上主要是指国防科研,在美国则更具体地称为研究、发展、试验与鉴定(RPT&E)。根据国际通用的科研结构的分类,按照研究项目或课题的类型,国防科研包括基础研究、应用研究和发展研究。美国还按照研究活动的类型或发展阶段,进一步将国防科研划分为理论研究、探索性发展、先期发展(分为先期技术发展和先期系统发展两部分)、工程发展和作战系统发展等五个方面。我国则分为国防预先研究(应用基础研究、应用技术研究、先期开发研究)、型号研制、试验与鉴定等三个方面。

应用基础研究是以军事应用为目的,进行新思想、新概念、新原理的科学研究,主要任务是研究自然现象、掌握科学原理、进行知识储备,应用基础研究成果一般不直接解决当前特定的军事应用问题,而是瞄准未来 10～15 年的技术。其研究内容广泛,多涉及诸如数学、物理学、化学、生物学、工程学、空气动力学、弹道学等,甚

22

至还涉及行为科学和社会学等学科领域。成果形式一般是论文、著作、报告。

应用技术研究是进行新概念、新思想应用于军事领域的研究活动,主要任务是探索应用基础研究成果在军事上应用的可行性和实用性,瞄准未来 10 年的技术。其研究内容包括共用技术项目(跨军兵种的共性技术)、专用技术项目(海、空、二炮等所涉技术)、支撑技术项目(军工集团,如核、船舶、航天等所涉技术)。应用技术研究带有通用性,不与武器装备的具体型号的研制直接相联系。但要考虑武器装备长远发展的需要、技术覆盖完整性,突出重点安排,兼顾型号研究衔接,确保装备发展。成果形式在应用基础研究的基础上增添了可行研究。

先期开发研究是利用前面两个阶段的成果,对新技术集成、效益和可能产生的风险进行的研究活动。主要任务是对武器装备进行先期研制。其具体内容包括:演示验证项目、背景项目、现役装备改造项目。成果形式在应用技术研究的基础上增添了部件和样机。

由上述内容可知,国防科学技术是科学技术在国防和军事领域的延伸,是国家科学技术水平的集中体现和突出标志,是国家综合实力的重要组成部分,是国家安全的重要保证,是军队先进战斗力的源泉。国防科学技术为国防经济特别是国防工业提供先进的技术和工艺,以研制和生产各新武器装备,改造和完善国防经济产业结构和产品结构,促进国防经济发展;并对军事思想、军事理论和战争形态等产生重大影响。恩格斯曾指出:"一旦技术上的进步可以用于军事目的并且已经用于军事目的,它们便立刻几乎强制地,而且往往是违反指挥官的意见而引起作战方式上的改变甚至是变革"(《马克思恩格斯全集》第 20 卷,第 187 页),国防科学技术的进步,不断推动武器装备的发展,进而导致战争样式的变化;反过来,新的战争形态和作战样式又向武器装备提出新的要求,从而进一步推动国防科学技术向前发展,这就构成了国防科学技术、武器装备、战争形态三者之间相互促进的循环关系。因此,在某种程度上可以认为,国防科学技术是在科学指导下的技术,其最后归属是技术,具有更多的技术属性。国防科学技术发展的最终成果主要是物化的武器装备,而不是体现于科技文献的科学理论或科技知识。从这种意义上看,国防科学技术实际上就是国防建设所需要的技术及寻求这些技术的研究与发展活动。

3. 军事技术

《中国人民解放军军语》(2011 版)对军事技术作了如下定义:"①直接用于军事领域的科学和应用技术的统称。包括武器装备研制、生产、使用、维修过程中所涉及的技术基础理论、基础技术、应用技术,以及军事工程技术、军事系统工程技术等。②操纵使用武器装备的技术。如射击技术、驾驶技术、飞行技术、电子设备操作技术等。"从这一定义可知,军事技术包括两个层次的技术,不仅包括各种武器装备及其研制、使用和维修保养技术等,也包括人们操纵、使用武器装备的技能,如射击、刺杀、投弹、驾驶、电子设备操作技术等。在这里,作为体现军事技术物质存在方式的武器装备,不再是简单的军用品,而是作为一种战争手段存在于战争实践过程之中;而作为体现军事技术观念存在方式的人的军事技术知识和作战使用经验,则是人运用物质技术手段的能力。军事技术就是军事的物化技术与观念技术的结合。

军事技术的发展受军事思想和战略战术的指导,同时也对军事思想、战略战术、作战方式、作战范围、军队结构以及体制编制产生重大影响和变革。"军事技术革命"一词源于苏联,是指军事行动方面的显著变化。当新技术用于军事系统,并伴随作战理论的创新或编制体制的重大调整,从根本上改变了军事行动的特性和实施方式时,便出现了军事技术革命。1940年,法国人和德国人都使用了坦克、改进型飞机和无线电通信系统。但是,德国人改变其军队编制体制、作战程序和战术,将第一次大战的堑壕战发展为闪电战,使军事效果和作战潜力得到了迅猛提高。20世纪90年代,以信息技术为核心的军事高科技的迅猛发展,使得武器装备向信息化、智能人、精确化、无人化方向发展,这些变化使战争形态和作战方式发生了根本改变,呈现出新的特点,信息化战争逐渐登上人类战争舞台。

4. 装备技术

虽然科学技术、国防科学技术和军事技术等在概念定义上,不同的学者给出的定义稍有差异,但还是能通过相关定义来确定这些概念的内涵和外延。通过翻阅多种资料,发现装备技术这一概念目前还未作明确的定义。在对其他概念的学习和借鉴的基础上,特别是2011版《中国人民解放军军语》对军事技术定义的学习和理解,我们对装备技术这一术语给出如下定义:装备技术是直接应用于武器装备领域的技术科学和应用技术的统称,包括武器装备研制、生产、使用、维修过程中所涉及的技术基础理论、基础技术、应用技术,以及军事工程技术、军事系统工程技术等。

装备技术始终推动着武器装备不断发展,从冷兵器到热兵器,从热兵器到新概念武器的演变中,每一种军事装备的出现,几乎都是装备技术物化的结果。古代装备技术的发展,直接导致了铜、铁等冷兵器的产生;近代装备技术的进步,促进了以枪、炮为代表的近代火器的发展。当代各种武器装备,从原理、结构的研究、设计到生产,是建立在当代装备技术发展的基础上的。实际上,从常规武器到战略武器,从传统武器到高技术武器,其研制和改进无一能离开装备技术的支撑。从原子弹、氢弹、中子弹、洲际导弹、核潜艇、军用卫星到空间站、航天飞机和空天飞机等,无一不是装备技术综合性研究与开发的结果。装备技术和武器装备相互作用,推进装备技术和武器装备不断发展和演化。从这种意义上看,装备技术实际上就是支撑武器装备建设和发展所需要的技术的总称。

装备技术与国防科学技术二者虽然在概念的内涵和外延上有所不同,但二者在关于武器装备的研究、发展和应用领域通常没什么区别,有时甚至可以完全等同。严格地说,如果作为两个不同的科学技术概念,它们是有一定区别的。由概念定义可知,国防科学技术的视角是基于国家的层面,国防科学技术是一种科学技术事业,是国家的整个科学技术事业的重要组成部分,它服务于国家的国防建设,因而也是国防建设的一个重要方面。装备技术的视角是基于军队的层面,装备技术是军队建设的一个重要方面,是和军队武器装备研制、生产、使用、维修过程紧密相联。在某种程度上可以这样认为:国防科学技术是为装备技术提供物质手段的科学技术,而装备技术则是使用国防科学技术所提供的物质技术手段的技术。

5. 体系与系统

系统一词来源于古希腊语,原义是由部分组成整体的意思。系统思想源远流长,但作为一门科学的系统论,人们公认是由美籍奥地利人、理论生物学家 L. V. Bertalanffy (1901—1971)创立的。他在 1952 年发表"抗体系统论",提出了系统论的思想。今天人们从各种角度对系统进行研究,给出众多有关系统的定义,如"系统是为实现规定功能以达到某一目标而构成的相互关联的一个集合或装置(部件)","系统是诸元素及其行为的给定集合","系统是有组织的和被组织化的全体","系统是有联系的物质和过程的集合","系统是许多要素保持有机的秩序,向同一目的行动的东西","诸客体连同它们之间的关系和它们的属性之间的关系的集合","系统是本质或实物、有生命或无生命物体的集合,它接受某种输入并按照输入而产生某种输出,而其目的则在于使特定的输入和输出功能得到最佳的发挥","系统是用来表述动态现象模型的数学抽象",等等。

体系一词的出现在文献中最早可以追溯至 1964 年,有关纽约市的《城市系统中的城市系统》中提到"Systems within Systems"。在英文词汇中还有多种类似的术语,如 Super – System、System of Systems(SoSs)、Family of Systems(FoSs)、Ultra – Scale Systems(超大规模系统)等词,都表达了在不同领域和应用背景下与体系相近的含义。"体系"这一术语当下有数十种定义,如"体系是完成特定目标时由多个系统或复杂系统组合而成的大系统","体系是系统的联结,在系统联结的体系中允许系统间进行相互协同与协作","体系是大规模分布、并发系统的集成体,组成体系的系统本身就是复杂单元","体系是大规模分布、并发系统的集成体,组成体系的系统本身就是复杂单元"等等,这些定义可看出,体系是复杂的、有目的的整体,这一整体具备如下特征:① 其组成成员是复杂的、独立的,并且具备较高的协同能力,这种协同使得体系组成不同的配置,进而形成不同的体系;② 其复杂特征在很大程度上影响其行为,使得体系问题难于理解和解决;③边界模糊或者不确定;④具备涌现行为,即从组成要素性质到整体性质的体现呈现不可预测的行为;⑤具有演化性,随着时间的推移,体系的结构、状态、特征、行为和功能等发生改变。体系的演化无时无刻不在进行,且存在多种演化方式。进入 21 世纪以后,越来越多的大规模、超大规模的相互关联的实体或组合出现,特别是在信息领域,"体系"一词出现并广泛应用在信息系统、系统工程、智能决策等研究领域。

体系与系统互为关联,但又存在一定的差异。体系与系统的最大的区别是:构成系统的功能部分之间的相互关系紧密,是紧耦合关系;体系的构成要素往往具有较强的独立目标,且独立工作能力相对较强,这些要素之间是松耦合关系,且根据不同的任务需求可以快速地重组或分解。体系的视角更多的是从一个横向的角度、联合的角度去观察问题,而且当观察方位发生变化时,体系的组成系统就会有较大差别,因为不同要素构成的体系可以完全胜任同样的任务,体系构成要素的动态性为体系完成其使命带来了强大的鲁棒性。

2.1.2　科学技术体系

当今世界,科学技术迅猛发展,世界新一轮科技革命正在孕育和兴起,知识创造和技术创新速度加快,科学技术细化不断加快,学科交叉融合不断深化,新兴学科、交叉学科、横断学科和综合性学科不断涌现,科学技术已发展成为一个庞大的多层次结构体系。按照科学分类的基本原则,一般说来,科学技术体系应该包括哲学、社会科学和自然科学。

哲学是关于世界的总的学问。它并不局限于哪一方面,而是各个领域知识的概括和总结,是理论化、系统化了的世界观。同时,它又不能代替具体领域的科学知识,它只是各种知识的抽象化,起着一般的指导作用。马克思主义哲学是以往哲学的发展,是以往哲学和科学的结晶。是以往人类认识、改造世界伟大实践所获知识的结晶。人类认识、改造世界的实践在继续、在发展,新的知识在不断涌现,马克思主义哲学在与时俱进地发展。马克思主义哲学作为一种动态发展的体系或系统不仅是现代的哲学,而且有它将来的发展形态。它所回答的基本问题是世界的物质性、物质的运动性、运动的规律性,以及规律的可认识性等。由于这些问题贯穿于各门科学之中,马克思主义哲学能对各门科学起到有效的指导作用。

社会科学,相对于哲学而言,是一门较为具体的科学,它以社会为研究对象。具体地说,以一定的生产关系为对象。尽管社会所包含的内容相当广泛,但社会科学比起哲学仍具有特殊性。它仅仅适用于人类社会方面,研究社会的发展规律,并运用这些规律指导和改造社会。社会科学离不开哲学的指导,但又反过来丰富和发展了哲学。

自然科学和社会科学处于同一层次。和哲学相比,它也是一门具有特殊性的科学。它仅以自然界为研究对象,其直接目的是要认识自然,最终目的是改造自然,利用自然为人类服务。和社会科学相比,如果说社会科学是以"人"为对象,研究人与人在生产中所结成的关系,那么自然科学则以"物"为对象,研究人如何认识和驾驭物质世界。显然,二者之间是个别与个别的关系。正是这样,自然科学和社会科学一起,构成了在哲学指导下的两个基本类别,是科学总体结构中的核心部分。即使哲学,也不是空洞的,凭空产生的,主要是在这两门科学的基础上的概括和总结。当然,自然科学和社会科学这两个不同的"个别"之间,也有着密切的联系。在科学日益综合、渗透的今天,尤其如此。二者之间相互密切联系的基本原因,在于处理人的关系是为了认识自然、改造自然;而认识和改造自然,必须处理人与人之间的关系,二者缺一不可。

随着世界新科技革命的不断推进,传统学科之间的界限不断被打破,新兴交叉学科不断涌现,科学技术体系随着人类认识能力的进步而不断丰富完善和继续发展。这些科技发展的新特点和新趋势不断促使着人们去进一步探索。著名科学家钱学森把现代科学技术作为一个整体系统,纵向划分为自然科学、社会科学、数学科学、系统科学、思维科学、人体科学、文学艺术、军事科学、行为科学、地理科学和建筑科学等 11 大学科类,横向划分为基础科学、技术科学和应用技术等三个层次,构建形成现代科学技术的体系结构。

现代科学技术已形成一个学科门类繁多、纵横交错、相互渗透彼此贯通的网络结构,大致可分为以下四个层次:①马克思主义哲学。是最高层次的科学,对各种科学具有世界观和方法论的指导意义。其中包括自然辩证法、历史辩证法、认识论、数学哲学、系统论、军事哲学、马克思美学、社会论等。②相互并列的自然科学、社会科学、思维科学、数学、系统科学、人体科学、军事科学、文化理论、行为科学、地理科学和建筑科学 11 大基础科学。它们同马克思主义哲学之间都有一门桥梁(中介)学科相联系。③各类技术科学。如农业科学、计算机科学、工程力学、空间科学等以基础科学为指导,着重应用技术的基础理论,从而把基础科学同工程技术联系起来,具有中介性和应用性两个显著特点的学科群。④应用技术。如农业技术、交通技术、通信技术、航天技术等以综合应用基础科学、技术科学、经济科学以及社会科学理论成果,直接改造客观世界的一大批具体技术,是生产力的直接体现者。

这个体系是以马克思主义哲学为指导的体系,非马克思主义的学问不包括在其中,但是,划在体系之外不等于不予考虑。这一体系是开放的体系,对于在实践中不断地产生新的知识,都逐渐地提升到科学的高度,提升到马克思主义哲学指导下的科学的高度,吸收到科学技术体系中来。科学并不是一个孤立的经验体系,而必须纳入到整个现代科学技术体系中,能够同其余各部门相融合一致,才算进入了科学体系。

2.1.3 国防科学技术体系

国防科学技术体系的发展,与科学技术的发展密切联系,沿着人类认识、改造世界的历程,依据科学技术发展所涉及的"材料—能量—信息"基本要素的变化轨迹向前发展,经历了从简单到复杂的发展过程。古代的科学技术体系比较简单,国防科学技术体系相应也比较简单,整个武器装备、设施结构组成也比较简单。近代科学技术已发展为较为复杂的体系,国防科学技术体系组成也向复杂化的方向发展,整个武器装备、设施的结构组成趋于复杂化。现代科学技术已发展成为开放复杂系统,国防科学技术也发展成为开放复杂系统,整个武器装备、设施的结构组成也发展成为名副其实的复杂体系。

在公元 9 世纪中国发明火药以前,国防科学技术主要涉及的基本要素是材料。在发明火药后,国防科学技术涉及的基本要素由单一的材料转变为材料和能量的结合体,在火药的发明、发展阶段,兵器由机械杀伤转变为点爆炸杀伤。当发明蒸汽机、电动机、内燃机后,机动平台同兵器的结合由点爆炸杀伤转变为机动能力强化的点爆炸杀伤。随着火药水平的不断提高和动力平台的不断发展,其杀伤威力在急剧提高,直到核能的发现,其杀伤威力达到空前的程度。到 20 世纪 70～80 年代,微电子、数字计算机问世后,国防科学技术涉及的基本要素,由材料—能量双要素转变为材料—能量—信息三要素时,火药、动力平台再加上自动控制,武器装备不仅机动性更强、威力巨大,而且射击精度空前提高,精确打击武器装备问世了。随着激光、电磁能等能量形式的研究开发,杀伤手段将由点爆炸杀伤转变为线杀伤,武器装备水平将发展到一种新的高度。

可见,国防科技体系是一个历史范畴,体现了科学技术发展的时代性,不同的历史时期,国防科技体系内涵也不同。当今的国防科技体系是以材料、能量、信息为本质内涵的新型科学技术,是以信息技术为标志的高新技术组成的科学技术体系,由支撑国防建设和武器装备发展的众多科学技术领域组成,国防科技的发展综合利用了自然科学、技术科学或应用科学甚至社会科学的成果,因而形成了庞大的学科结构。国防科学技术体系横向由多个国防科学技术领域构成,纵向由工程技术、技术科学、基础科学三个层次构成。大多数国防科学技术领域主要由工程技术、技术科学两个层次构成,可以称为国防应用科学技术领域,对应于国防应用研究;一些国防科学技术领域处于基础科学层次,可以称为国防基础科学领域,对应于国防应用基础研究。其中现代自然科学的发展为国防科技的进步提供理论基础,因此有基础科学之称的自然科学又特别被称为军事技术的基础科学;社会科学中的军事思想、军事理论、军事教育、军事经济和国防经济等对国防科技的发展也有重要影响,也往往成为现代国防科技的研究内容。随着国防科技发展的步伐不断加快,国防科技所涉及的学科专业领域不断增多,学科交叉融合不断深入,国防科技与民用科技之间的界限更加模糊,研究内容不断丰富。

2.1.4　装备技术体系

装备技术体系是以装备视角,对武器装备相关科学技术实践中科研门类、层次、领域等的概况和反映。装备技术体系是描述武器装备技术组成和结构特征的体系实例,是指导一定时期装备科学技术实践的技术规范。

装备技术体系在装备领域范围内同样具有稳定性、整体性、规范性、逻辑性和演化性。我军装备技术体系的发展经历了不同的历史时期,随着国内国际形势变化、国家发展战略和军事战略方针的调整,以及我国经济、科技体制的变革,国防科技预先研究管理体制的改变,我军装备技术体系在调整和变化中逐步形成。

建国初至"文革"结束,装备技术发展以突破"两弹一星"等战略尖端技术为重点任务,带动与促进了我国装备技术体系的形成和布局。建国初期,我国百业待兴,国防科技事业几乎是一张白纸,基础非常薄弱,以毛泽东同志为核心的党的第一代领导集体,不畏帝国主义对新中国的经济封锁、军事包围和战争威胁,瞄准为建设一支现代化、正规化的人民军队对武器装备的战略需求,立足于做好应对外敌入侵的"早打、大打、打核战争"的准备,把发展武器装备技术摆在了比较突出的位置,开启了我国装备技术体系发展的探索。1960年中央军委做出了"奋发图强,突出尖端,两弹为主,导弹第一,积极发展喷气技术及无线电技术,建立现代化的独立完整的国防工业体系"的正确决策。通过这些计划、规划的制订和执行,特别是在以攻克和掌握了一批以"两弹一星"为代表的战略技术领域的核心关键技术,初步解决我军从常规武器到尖端武器的有无问题,保障我军由单一陆军发展成包括空军、海军、二炮和其他技术兵种在内的合成军队的初步需要奠定了技术基础,开创了我国武器装备发展的伟大基业,带动与促进了我国装备技术体系的形成和布局。

"文革"结束至20世纪末,我国建立了门类比较齐全的装备技术体系,以航天科技为代表的一批高科技领域跻身世界先进行列。随着冷战结束,东欧剧变,苏联解体,世界战略发生了重大变化,以信息技术为特征的世界新军事变革迅猛发展,特别是海湾战争的爆发,标志着战争形态和作战方式开始发生新的变化。为适应打赢现代技术特别是高技术条件下的局部战争的要求,我军将武器装备技术发展摆在军队装备建设的首位,重点突破满足实现我国新时期军事战略方针的需要的关键技术,加快了武器装备技术"基本体系"调整步伐,建立了门类比较齐全的装备技术体系,使我国武器装备技术向着持续、稳定、协调发展的方向迈进。

21世纪初以来,随着世界新科技革命不断推进,国防科技创新能力快速提高,通过实施重大专项工程,我国装备技术体系不断完善。进入新世纪新阶段,国际战略竞争更加激烈,我国面临安全威胁的性质和方式出现新变化,我军担负的职能使命进一步拓展,围绕"能打仗、打胜仗",全面提高我军基于信息系统体系作战能力,对构建我军装备技术体系提出了更高的要求。面对新形势新要求,我军为确保如期实现国防和军队现代化建设"三步走"战略构想,围绕提高打赢信息化条件下局部战争的核心军事能力,必须构建符合我军武器装备建设和发展、顺应世界科技发展趋势的装备技术体系,为实现国防科技和武器装备跨越发展,为建设巩固国防和强大军队奠定坚实基础。

2.2　装备技术体系的特点

武器装备技术体系是由支撑武器装备研制、生产、使用、维修过程中所涉及的基础理论、基础技术、应用技术,以及军事工程技术、军事系统工程技术等组成的统一整体,其特征并非单项技术特征的简单重复,而表现出在体系背景下的新特点:

(1) 关联性:装备技术体系结构与装备体系结构、作战能力体系结构是相互联系的。装备技术体系结构对装备体系结构提供技术支持能力,对作战能力体系结构提供技术标准的制约。同时,装备体系结构又向技术体系结构提出技术的指标水平需求。

(2) 层次性:装备技术体系目前通常认为具有体系级、系统级、平台级和单元级,同样一项技术上有更大的技术系统,下有更小的子技术,这样一种层次性,是技术体系纵向联系的体现。

（3）整体性：装备技术体系与其他体系一样，是为了实现一定的体系目标而构成的有机整体，各种技术在这个整体中相互影响，相互关联。

（4）功能性：装备技术体系由各项技术按照一定结构构成有机整体，其目的就是实现体系系统结构，实现对装备体系的技术支撑，满足作战能力体系的需求。

2.3　理论基础和研究方法

2.3.1　理论基础

1. 技术系统

技术体系设计是一个具有复杂反馈机制的动态过程，这一过程中包含科学、技术、学习、需求等诸要素之间的复杂的相互作用。因此，应关注要素之间相互作用的系统方法在技术体系设计领域的应用。

1）技术系统的基本概念

技术系统（Technological System，TS）是指在特定的制度或制度组合基础上，在特定的经济/产业（或技术）领域内，为了促进技术的创造、扩散和使用而相互作用的参与者形成的网络。

技术变迁的演化理论提出了在微观层次观察技术和体系性能变化过程的新方法，该理论通过研究微观单元之间的相互依赖关系、微观单元和整个体系之间的联系，为技术体系优化提供更好的解释，它将体系的性能表现看作微观关系构成的复杂网络。

2）技术系统的构成和边界

技术系统的组成包括基础技术、应用技术、发展技术等。技术系统是以知识/能力的流动的形式来定义的。因此，技术系统包括动态知识和能力的网络。

3）技术系统的进化

系统的进化是技术系统的普遍特征。技术系统的进化包括多样性产生过程和随后通过选择机制减少多样性两个对立的过程。多样性的产生可以从不同领域的科研过程中产生，但长期来看，多样性的主要来源还是技术创新。技术系统的进化具有强烈的路径依赖特征，因此，初始状况对技术系统的创新来说非常重要。

2. 创新生态系统理论

技术创新的行为、演化的方式表现出明显的生态学特征。新兴技术的产生类似于物种形成事件，这是个"断续均衡"的过程，既包含着渐进演化又伴随着基因突变。已有众多国内外学者将生态学方法引入到技术创新系统的相关研究中。罗发友、刘友金利用行为生态学理论和方法，在对技术创新群落形成与演化的行为生态学特征的分析基础上，提出了技术创新群落形成与演化的四阶段模型及其行为生态学机制，并探讨了技术创新群落形成与演化的内部条件和外部条件。创新生态系统的核心理念是：技术创新战略的制定（创新时机、资源分配）一定要充分考虑与系统内合作伙伴的共生关系。创新生态系统的价值在平台领导战略、开放式创新战略、协同创新战略等研究中都得到了不同程度的重视。

3. 价值网络理论

价值网络(value network)是由利益相关者之间相互影响而形成的价值生成、分配、转移和使用的关系及其结构。价值网络改进了价值识别体系并扩大了资源的价值影响,同时使组织间联系具有交互、进化、扩展和环境依赖的生态特性。价值网络是在价值链的概念上发展而来的。20世纪90年代以来,随着电子技术产品集成度和复杂程度不断提高,模块化思想得到了大力发展。伴随着模块化理念和方法渗透到企业生产和管理的各方面,最终导致了价值链的解构,并形成了价值网络,因此,创新活动与价值网络具有天然的联系。

价值网络与技术创新的关系主要体现在两个方面。一方面,价值网络对技术创新活动产生影响。一个比较明显的观点是,价值网络为技术创新的开展提供环境上的支持。模块化组织之间的竞争,能够产生"淘汰赛"的激励效应,为在共同的界面标准下加快研发步伐、加大创新力度提供了动力。由以上观点可以看出,价值网络的形成有利于技术创新活动的开展,对技术创新起到促进作用。另一方面,技术创新会影响价值网络的演进或重建。实际上,技术范式转移将对价值网络造成一定影响——技术范式转移使将使原有价值网络失去优势。由以上分析可以看出,技术创新模式的变化在一定程度上影响价值网络的形成与重构,而价值网络的形成又对技术创新有促进作用,并且二者的功能与目标是一致的。可以说技术创新模式的变化会诱导价值网络发生结构上的变化,是价值网络变化的直接原因,而价值网络又为技术创新的更好运作提供了组织上的环境支持。

4. 复杂系统理论

创新研究中系统范式的出现,使得创新过程的动态性和互动性本质得到了更广泛的关注。许多学者对复杂性理论在创新管理中的应用进行了有益的探索:Downs和Mohr认为创新过程是最复杂的组织现象之一,并且单一的创新理论无法胜任,因为这将导致实证上的不稳定性和理论上的混乱。

装备技术体系演化的生态系统是一个随着技术演化而动态变化的系统。该系统由很多具有不同心智模式的行为主体构成。同生物生态系统的演化一样,这些行为主体之间的关系都是从无序状态逐渐演化到结构化的群落状态。相对于整个系统来说,技术体系中某一技术发展的决策具有一定的随机性和无意识性,似乎对整个装备技术体系的演化影响甚微,但从系统整体观来分析,由于系统内行为主体之间的学习性和反馈性,使得系统表现出自组织特征。因此,以自组织、非线性、混沌边缘为研究对象的复杂系统理论对研究新兴技术的共生演化具有重要的指导价值。

5. 技术预见理论

技术预见是针对未来较长时期的科学、技术、经济和社会发展所进行的系统研究,其目标是确定具有战略性的研究领域,选择对经济和社会利益具有最大贡献的技术群。通过采用科学、规范的调查研究方法,综合集成社会各方面专家的创造性智慧,形成战略性智力,为正确把握国家的技术发展方向奠定基础。

2.3.2 研究方法

借助于技术系统、复杂网络、生态系统、优化理论、技术预见等相关理论,本书主要采用了以下研究方法。

1. 系统论

系统的方法具有普适性,在哲学意义上,很多事物特别是复杂事物都具有系统的属性。系统又可以扩展为巨系统和超系统,又可以细分为子系统,无论怎样分析,系统理论的核心思想是系统具有一定的功能和结构,并且体现出整体性特征。而由圣德菲研究所发展的跨学科复杂系统理论,对研究新兴技术演化过程中的路径依赖、自组织及非均衡性等特征具有很好的应用价值。

2. 技术变迁的演化理论

演化经济学家用进化论和熊彼特创新理论相结合的方法分析技术变迁过程,把人们在微观和静态层次上的经济行为与诸如产业增长、技术变化和创新等宏观或动态过程有机地联系在一起,强调现实经济中信息的不完全、不确定性和人们的有限理性。演化理论认为,技术的产生和发展,相关产业的演化是在竞争过程中展开的,其演化的动力是多样化的产生及其选择机制。

3. 技术预见方法

技术预见是从需求出发,探索中、长时期未来科学技术的发展方向,为政府制定科技发展战略和科技政策提供依据,为产业界和广大社会公众提供未来科技发展信息。通过技术预见方法,可以系统地把握未来科技发展的趋势,综合分析本国现有技术的优势和劣势,在具有比较优势及社会经济发展的重点领域加强科研力量,集中投入社会资源,以寻求在某个或某几个领域实现局部突破和社会生产力的跨越式发展。借助技术预见方法,可对装备技术体系中的技术选择提供参考和依据。

4. 案例研究方法

案例研究是一种对现实环境中的某一现象进行考察的经验性研究方法。它比较适合于调查与时间有关的不易从社会环境中分离的行动或者复杂过程,有助于识别和描述重要变量,发现变量之间的因果关系,尤其适合用于观察和研究装备技术体系发生的纵向性(longitudinal)变革。因为装备技术体系的构建与演化是与时间高度相关的,所以在本书的研究中运用了案例研究方法,专门对无人机、巡航导弹、侦察探测卫星等武器装备的技术体系进行案例研究。

2.4 本书的创新点

2.4.1 装备技术体系结构设计框架

本书在描述装备技术体系结构与构建要素基础上,参考 DoDAF 中作战视图、系统视图和能力视图的设计思想与方法,依据技术体系结构设计目标和设计原则,选择装备技术体系构建要素以及相关数据作为视图的主要构成要素,采用视图产品和模型来表示和设计装备技术体系结构,科学系统地描述了装备技术体系结构设计理论框架,对装备技术体系结构设计视图产品进行了系统表示与设计,包括技术层次关系描述(TV-1)、技术关系描述(TV-2)、技术对能力支撑描述(TV-3)、装备到技术映射描述(TV-4)、技术体系与项目体系关联描述(TV-5)、技术水平描述(TV-6)和技术标准预测描述(TV-7)等七类视图产品,给出了视图产品的流程图,为武器装备体系结构设计提供了更加丰富的视图产品。

2.4.2 装备技术体系设计理论与技术

本书在深入调研访谈和文献分析的基础上,对装备技术体系设计的通常经验和一般做法进行总结,从我军装备技术发展与管理实际出发,提出装备技术体系的概念及其内涵,深入分析了装备技术体系构成要素及其结构特征,提出了装备技术体系的设计目标、设计原则、设计步骤等组成体系设计理论框架。围绕装备技术体系设计技术,针对装备技术体系设计不同应用情景,研究提出装备技术体系结构分解、参考模型衍生方法、体系演化优化方法、多阶段综合集成和人机综合设计等装备技术体系设计方法,结合无人机、巡航导弹和侦察卫星等典型装备进行了装备技术体系设计理论与技术的应用探索。

2.4.3 装备技术体系优化和评价模型

本书在对装备技术体系特性分析的基础上,提出一种基于专家调查的装备技术体系评估方法,并对其评估流程,评估指标体系的设计原则进行了梳理,建立了具体评估指标体系,以及评估专家模型。该方法着眼于充分利用专家智慧,建立由军事、装备、科技、管理和预算等领域的专家构成的评审组,通过对装备技术体系的多层次、多角度、多维度分析,对装备技术体系的整体性能,体系结构和体系组成进行评估。方法的思路清晰,可操作性强,能够对装备技术体系进行有效评估。

2.4.4 基于知识计量的技术预见模型

本书对技术预见的基本理论进行了全面梳理,对国内外的技术预见实践进行了系统分析,在此基础上,将定量的知识计量方法与定性的专家调查法相结合,提出了一种定性定量相结合的综合集成技术预见方法。该方法一方面通过对大量文献的计量分析,客观梳理技术的发展重点;另一方面,通过专家调查,综合大量专家的集体智慧,获取专家对技术未来发展的主观预测,较好地把客观现状与主管判断相结合,提升预见的准确性。

第3章 装备技术体系结构与构建要素

当前国内外对于技术体系结构描述的研究还不够深入,大多数研究仅仅是给出了体系结构的技术标准轮廓和未来技术标准预测两项视图产品,对于其层次关系、技术水平、技术关联等指标研究较少,缺乏技术体系结构构建过程和相关理论的研究。对武器装备体系的技术体系结构描述实际上就是构建武器装备技术体系结构模型的过程,是认识武器装备体系技术组成的重要方式。武器装备体系的技术体系结构描述可以看作是从技术实现这样一个视角去描述体系结构。

3.1 装备技术体系结构概述

装备技术体系结构是武器装备体系结构研究的重要组成部分,不同于体系结构设计中的技术视图,有更加丰富的要素和内涵。装备技术体系结构是从技术视角对武器装备所涉及关键技术、技术准则、技术标准、技术层次关系等的总体描述。在国内外相关研究中,并没有对装备技术体系结构给出明确的定义,本书从武器装备科学技术和体系结构的角度,在参考技术结构、技术体系结构、科学技术体系结构、军事技术体系结构等概念与内涵基础上,结合装备技术体系的基础理论和概念,分析得出装备技术体系结构的概念与内涵。

3.1.1 基本概念

1. 技术结构

技术结构指技术内部各种构建要素的组织形态和彼此之间的联结方式。任何时代、任何国家和地区的技术结构都主要由经验形态、实体形态和知识形态三种技术要素构成,但在不同的时期,不同的技术要素的结合方式不同,具体表现为从古代单相的技术结构模式(经验型技术结构)向近代的双相技术结构模式(经验型技术结构和实体性技术结构)和现代的三相技术结构模式(经验型技术结构、实体性技术结构和知识性技术结构)逐步强化的过程。

2. 技术体系结构

通常,技术体系结构在 IT 行业出现得更多,与信息系统体系结构、业务系统体系结构、软件体系结构构成了整个 IT 体系结构。信息系统体系结构涉及到组织信息的结构和用途,根据组织的战略、战术和运营方面的要求对信息加以调整。业务系统体系结构按照必需的业务系统,对信息进行结构化处理以满足业务系统的要求。技术体系结构则定义了整个信息系统中的技术环境和基础结构。软件体系结构定义了基于所定义的技术的单个系统的"结构"。

从本质上说,技术体系结构是组织为了获取效益而构建与使用的信息技术平台。技术体系结构并不仅仅是一套标准、一种受约束的战略,它是一种组织能力的体现,这种能力不仅仅体现在文档方面,还反映了技术战略家、管理员、规划员、设计人员以及实施人员的知识与经验。它通过具体的管理结构对组织的战略发展过程加以拓展。整个组织的集体技能辅助技术体系结构的开发、维护及其到物理系统的转换。

在美国国防部体系结构(DoDAF)视图产品设计中,技术体系结构是指导系统部件和构件的配置、相互作用和相互依赖的最低限度的一套规则,用来保证系统的一致性,以满足规定的一组需求,其目的是定义支配系统实现和运作的一组规则。技术体系结构确定各种业务、接口、标准及其关系,提供数据词典、数据模型、交互协议和接口标准等,为系统体系结构的制定、公共模块的建造和生产线的开发等提供技术指南。技术体系结构的开发思路,最大限度地利用国际商用标准,及时采纳新技术和发展中的标准,逐步淘汰旧技术标准。

描述技术体系结构构成的方法多种多样。组织关于技术体系结构的观点随着组织体系结构成熟度的发展而发展,全局化的体系结构方法可以更深入和完善技术体系结构概念。下面对技术体系结构内涵进行描述,这有助于概念更加具体化。其中,考虑将韦伯词典对"体系结构"定义的"有条理的"、"有意识的"和"统一"的要素运用到这些描述中。技术体系结构内涵包含如下内容:

（1）描述和定义所交付业务系统采用的技术环境的结构;

（2）建立和维护一套评价技术项目的核心技术标准;

（3）它是系统的一种能力——提供战略技术建议的系统内部人员(和外部人员);

（4）它是一种解决系统遇到的技术问题的方法;

（5）它可以确定系统(还有软件体系结构)、项目以及组织的技术发展方向;

（6）建立技术与业务系统有机结合的一个行之有效的方法;

（7）建立技术实现决策的框架;

（8）既向系统规划论证过程提供输入,同时也受到系统规划论证过程的推动;

（9）允许组织控制技术成本;

（10）可以对系统的关键技术问题有一个清晰的认识;

（11）为系统的技术环境保持良好的发展态势提供管理构架。

3. 科学技术体系结构

科学技术体系结构是人类科学知识长期进化而形成的,它是科学技术内在逻辑的集中体现。科学技术体系结构(The Structure of SST, SSST)是指科学技术体系中各个组成要素之间联结而成的关系,是构成科学技术知识体系的知识元素(知识单元)的一种相对稳定的结合方式,它决定着科学技术的整体功能。

科学技术体系结构构成的基本条件:

(1)有一定数量的知识元素;

(2)这些知识元素之间存在着客观的相互联系和相互作用;

(3)一定数量的知识元素的结合形式是特定的,具有相对稳定性。

这三个条件缺一不可。科学技术体系结构研究意义在于:把握各门科学技术之间的相关性,充分认识专门化科学技术的知识功能,为科学技术的有效管理提供科学依据。

科学技术体系结构的形成主要是由人们对自然界的认识和改造的深度,以及科学技术的各门学科发展的状况决定的。现代科学技术的主体结构是基础科学、技术科学和应用科学(工程科学)这三个不同层次的结构体系。基础科学研究自然界一切基本运动形式的规律,是一切科学技术知识的理论基础。技术科学以基础科学为指导,着重研究有关工程技术中带有普遍性的问题,并总结为应用的基础理论,以指导工程技术的研究。应用科学是综合运用基础科学、技术科学、经济科学、管理科学等理论成果,直接为改造自然服务的、最接近生产实践的科学门类。现代科学技术结构体系中的三大主体结构既相互独立,又相互联系、相互促进,构成一个有机的整体。

4. 军事技术体系结构

军事技术体系是一个特定时间和空间内军事技术的集合,在特定组织内,各种物质手段、经验技能和理论知识等形式的技术可以互相交融,在特定的军事目的下形成新的军事技术,并且发展出装备系统。军事技术体系结构是对军事技术体系内各种军事技术及其联系方式的描述。军事技术体系结构分析可以从两个方面来进行:

一是从要素的角度,抽象出各种军事技术的本质特征,将本质特征概括成两个以上的要素,指出各种要素之间的关系。从不同的角度,可以抽象出不同的要素结构。

二是从实体的角度,分辨出军事技术体系内的各种装备系统,指出各种装备系统之间前后相继或者空间远近的关系。军事技术体系内存在众多装备系统,从不同的角度来看,这些装备系统的排列方式是不一样的。

5. 装备技术体系结构

1)概念

武器装备技术体系结构可以看作是从技术实现视角去描述体系结构,可将其定义为:武器装备体系中各项支持技术的特性、水平,应该满足的标准和规范,这些技术之间的相互关系,以及支持武器装备体系建设的各项支持技术的发展原则和指南。

有研究认为,装备技术体系结构研究是武器装备体系结构研究的重要组成部分,能够为武器装备体系技术方面的规划提供重要依据。从本质上讲,装备技术体系定义了装备生产者为了获得最科学的技术性能指标而构建与使用的综合技术平台。武器装备技术体系结构包括关于支配装备各级系统、系统各部件或要素配置、相互作用、相互依存的一套基本规则,它规定装备体系中所采用的各种技术标准和约定,确立业务、接口及其关系,为系统应用功能的实现提供技术指南。同时,技术体系结构又并不仅仅是一套规则,也可以说,它是一种系统体系结构到技术层面的一个映射,这种映射不仅体现在要素的组织结构上,还要能反映各要素在技术方面的逻辑关系。

由系统工程原理分析可知,结构是事物或系统诸要素的组成形式或构成关系,决定该事物或系统的功能。根据这一概念和装备技术运用环境,结合对各类技术体系结构概念与内涵的分析研究,参考相关文献和报告对装备技术体系结构的诠释,抽象和提取共同要素,作为装备技术体系结构概念的主体,再根据装备及装备体系结构特点,给出对装备技术体系结构的定义。

装备技术体系结构是在一定的装备需求、技术发展条件下,以武器装备发展战略为指导,根据有效完成使命任务和高技术条件下作战任务的需要,按照经济可承受性、技术水平、技术贡献度、技术成熟度、技术标准和规范要求,依据装备需求和能力需求,对装备技术体系内各种武器装备技术及各个组成要素联结成的相互关系、支持武器装备体系建设的各项支持技术的发展原则和指南的描述,是装备技术体系构建要素的一种相对稳定的结合方式,它决定着武器装备及装备技术的整体功能。

2）内涵

装备技术体系结构并不仅仅是一套标准、一种技术结构树,还是一种装备体系结构到技术层面的映射,是一种能力的体现。映射不仅体现在要素的组织结构上,还能反映各要素在技术方面的逻辑关系;能力不仅体现在装备和系统上,还反映了技术专家、技术管理员、设计人员以及实施人员的知识与经验。装备技术体系结构的基本特征是对其内涵的进一步描述,是装备技术体系结构理论研究要考虑的重要因素。

武器装备技术体系是由支持装备体系建设的各项关键技术组成的统一整体,其特征并非单项技术特征的简单重复,而表现出在体系背景下的新特点:

（1）关联性。技术体系结构与武器装备体系结构、武器系统体系结构、作战任务体系结构是相互联系的。技术体系结构对作战任务体系结构提供技术支持能力,对武器装备体系结构和武器系统体系结构提供技术标准和规范。同时,武器系统体系结构又向技术体系结构提出技术的指标水平需求。

（2）层次性:武器装备体系结构具有体系级、系统级、平台级和单元级,同样,技术体系也可分为技术领域、技术方向和关键技术等多种层次,这种层次性是技术体系纵向联系的体现。

（3）整体性：同其他的体系一样，技术体系是为了实现一定的体系目标而构成的有机整体，各种技术在这个整体中相互影响、相互关联，形成一个整体结构。

（4）功能性：由各项技术按照一定结构构成有机整体，其目的就是实现装备成体系，系统成体系，完成作战活动，满足能力需求。

3.1.2　国内外研究现状

在分析研究科学技术体系结构的历史演变基础上，对国内外现有技术体系结构现状进行概述，国外方面，对相应的技术体系分类和技术体系结构研究进行概述，为分析装备技术体系结构理论打下基础；国内方面，分析技术体系结构、军事技术体系结构、国防科技体系结构等现状；另外，从装备预先研究技术体系和装备预先研究项目体系两方面，对武器装备技术体系现状进行剖析。

1. 技术体系结构的历史演变

1）古代的科学技术

在石器时代，兵器与生产工具直接取自于自然界，并合二为一，出现了原始的军事技术，军事技术与生产技术本能地结合在一起。

在冷兵器时代，国家与国防产生，有了专门的兵器，出现了制造兵器的工场，但与生产工具的设计制造仍结合在一起，国防科学技术处于萌芽阶段，军事技术与生产技术开始分离。

2）近代科学技术体系结构

在黑火药时代，黑火药发明后开始用于战争，资本主义生产方式和近代大工业的兴起，引发了技术革命和工业革命，这时，专门的军火工业产生并发展。这个时代，国防科学技术开始形成，军事技术与生产技术全面分离。

3）现代科学技术体系结构及其演化趋势

现代科学技术处于军事技术全面发展的时代，国家开始组织国防科研，国防科技学科专业体系初步建立，国防科技投资和人员数量日益庞大，军事技术全面发展，国防科技体系不断完善。这个时期，军事技术与生产技术既分离又结合。

现代科学技术体系表现出以下发展趋势：

（1）专门化趋势（specialized discipline）。科学朝更精细、更深入、更广泛的方向发展。

（2）兼质化趋势（interdiscipline）。科学朝着同时研究具有学科相兼特征方向发展。

（3）多学科化趋势（multidisciplinary）。科学朝着利用多学科的协同，综合性地研究同一个问题发展。

（4）交叉化趋势（crossdisciplinary）。科学朝着具有两个或两个以上学科涵盖关系领域开拓发展。

（5）超学科化趋势（transdisciplinary）。科学朝着超越任何具体学科进行系统化研究。

2. 国外技术体系结构现状

目前,国外对装备技术体系结构顶层设计的专门研究不多,相关研究蕴含在科技发展战略论证、军事需求工程研究和武器装备体系结构框架等研究中。

国外相关装备技术体系方案的具体研究中,体现了对装备技术体系中技术条目定义、技术贡献度、技术标准、技术水平状态等构建要素,以及技术与技术之间层次性、关联性等结构特征的理解。

国外的研究者曾经提出过多种要素结构分析方法。详见1.2.2节内容。

3. 国内技术体系结构现状

1) 技术体系结构

要素结构分析是用抽象的方法,概括出装备技术体系的基本原则(要素),把握装备技术的实质。国内的研究者也提出过多种要素结构分析方法。陈念文等人按照技术的表现形式,将技术分为主体要素和客体要素两大类,主体要素又分为经验、科学知识和技能三部分;客体要素分为工具(包括机器、设备)、能源、材料三部分。这种分析方法是针对一般技术,而不是专门针对装备技术的,但是对装备技术体系结构的分析具有指导意义。

2) 军事技术体系结构

国防科技大学、国防大学等单位,从科学技术哲学的角度,对军事技术体系结构的概念进行了研究,提出了基于装备系统构建的物质手段、经验技能、理论知识等因素的结构分析方法,并对军事技术革命、攻防对抗以及军事技术发展的无限可能性等方面进行了理论分析与研究。

科学技术的体系结构,或者说科学结构,是构成科学技术知识体系的知识元素的一种相对稳定的结合方式,它决定着科学技术的整体功能。

对结构的分析可以从两个方面来进行。一是从要素的角度,抽象出各种军事技术的本质特征,将本质特征概括成两个以上的要素,指出各种要素之间的关系。从不同的角度,抽象出不同的要素结构。二是从实体的角度,分辨出军事技术体系内的各种装备系统,指出各种装备系统之间前后相继或者空间远近的关系。军事技术体系内存在众多装备系统,从不同的角度来看,这些装备系统的排列方式是不一样的。

要素结构是实体结构的基础,同时也是从实体结构中抽象出来的,实体结构是要素结构的具体表现形式,也是综合各种要素构建的结果。在军事技术体系与外部的关系中,输入点在要素结构上,而输出点在实体结构上。

军事技术体系的结构具有层次性。从整体上看,可以从军事技术体系中抽象出要素结构,分析实体结构。在分析实体结构时,可以从单个技术手段的联系入手,也可以从各个装备系统入手。如果分析装备系统,其内部又可以抽象出要素结构和实体结构,可描述清楚装备系统的子系统及子系统之间的关系。

3）国防科技体系结构

我国对国防科技体系的设置比较重视，特别是成立装备部门后，国防科技体系越来越完善、系统。国防科技体系分为三大类技术——装备支撑技术、国防基础技术和战略前沿技术，其中，每一类技术又可分为技术领域、技术重点方向和关键技术，从而可形成一个国防科技体系支撑树。

3.2 装备技术体系结构

结构是组织的内在形式，由于不同技术时代主导技术的形态不同而形成不同的技术体系，因而具有不同的结构，但不同时代的技术体系又都存在相似的或共同的一般结构。结构分类原则、结构形式和结构模型是装备技术体系结构确定的重要因素。

3.2.1 结构分类原则

1. 按装备类型分类

我军现有装备体制以装备的基本功能为主线来构建和描述，将武器装备分为"战斗装备"和"保障装备"2个大类。战斗装备分为陆军及通用装备、海军专用装备、航空专用装备、战略战役导弹装备4大类，信息进攻装备归在战斗装备体制中；保障装备分为陆军及通用保障装备、海军专用保障装备、空军专用保障装备、二炮专用保障装备4大类。从装备管理的角度，可根据特定的应用与管理需要，在全军装备体制的基础上，构建各种装备体系。

对于完整的武器装备体系而言，各项单元级的武器装备的具体战术技术指标已经基本确定，所采用的技术方案也已经明确，因而可以基于 WBS 构建技术分解结构即 TBS。技术分解结构可以描述为，根据系统的复杂程度，将系统分解为子系统、部件的组合，再将部件分解为关键技术单元的组合，子系统、部件、各技术单元的层次化组合构成了一个完整的系统。图 3.1 给出了技术体系结构形式。

图 3.1 按装备类型分类的技术体系结构

2. 按学科专业领域分类

依据学科专业方向分析与之相关的科学技术体系结构。如选择"物理学"作为专业对象,罗列力学、声学、电学、光学、热学等,分析与之相关的体系结构。温熙森教授和匡兴华教授在 1997 年发表的《国防科学技术论》中,按照学科专业分析了现代国防科技的学科专业结构。从学科专业进行分析,可以把握当代军事技术的各个领域,对军事技术的学科专业建设、技术人才的培养有重要的指导意义。按学科专业领域分类原则,图 3.2 给出了按学科专业分类的技术体系结构。表 3.1 给出了现代国防科技的学科专业结构。

图 3.2　按学科专业分类的技术体系结构

表 3.1　现代国防科技的学科专业结构

学　科	主要技术领域
兵器科学与技术	轻武器　火炮　战术火箭　坦克及军用车辆　弹药引信及火工品　爆炸理论及应用　弹道学　火力控制系统　兵器安全技术　军用光学　水中兵器　兵器系统工程　兵器试验与测试
舰载武器及设备	舰船与海洋结构工程　轮机工程　舰船与海洋工程　水声工程　航海技术
航空与航天技术	飞行力学　军用飞机及航空器设计与制造　航天航空与航天技术　飞行器设计与制造　导弹与运载火箭设计与制造　航空航天发动机　惯性技术及其导航设备　飞行器控制制导与仿真　空基及天基武器与装备　航天发射与测控技术　航空与航天系统工程
原子能科学与技术	核电子学与探测技术　加速器　核聚变与等离子物理　核反应堆　核材料及同位素　核武器　辐射防护
材料科学与工程	金属材料与非金属材料　军用新材料　材料加工与制造技术　材料的腐蚀与防护
能源技术	传统军用燃料与推进剂　军用新能源技术
化学与化工	化学武器及防护　放射化学
机械工程	机械学　机械制造　流体传动及控制　工程图学　机电控制及自动化　精密仪器与机械　测试计量技术与仪器
电子学与通信	半导体器件与微电子学　军事通信　信号与信息处理　电磁场与微波技术　雷达与军用电子设备　电子对抗设备与技术

学　科	主要技术领域
自动控制	自动化仪表及装置　模式识别与智能控制　武器装备自动化　军用机器人
计算机技术	计算机组织与系统结构　计算机软件　计算机器件与设备　计算机应用　计算机科学理论
测绘学	大地测量　工程测量　海洋测量　摄影测量与遥感　军用地图学
生物学	生物武器　仿生学
医学	军事医学　航海医学　航空医学　航天医学
应用数学	军事运筹学
军事工程学	国防工程　军事工程装备
军事系统工程	国防系统分析　武器装备系统工程　指挥系统工程　国防科技与工业管理

综合考察现代国防科技发展的全貌,现代武器装备的研究、设计和制造直接涉及材料技术、机械制造技术、弹药技术、信息获取技术、电子技术、计算机技术、通信技术、能源技术、航空技术、航天技术、舰船技术、核技术、生物工程技术、光纤技术、定向能技术、红外技术、超导技术、人工智能技术、隐身技术、精确制导技术、军事工程学和军事系统工程等 22 个领域。

3. 按对象性分类

依据被研究对象分析与之相关的科学技术体系结构。如选择潜艇作为分析对象,分解为潜艇总体、潜艇动力系统、艇载武器系统、潜艇信息装备、航海保障及特种作战装备、水下无人航行器等,分析其中的科学技术体系结构。

4. 按整体性分类

整体性是系统的最基本的属性,把系统论引入决策思维,整体性原则便成为决策思维中最基本的原则。其贯彻的程度,在很大程度上决定着决策科学化的程度。任何认识对象都是整体与部分的统一,整体是指由相互联系和相互作用的各个部分、各个要素、各个层次、各个阶段所组成的统一体。部分是指组成整体的各个成分、各个要素、各个层次和各个阶段。整体的性质主要由两方面的因素决定。第一,整体由部分组成,是部分的集合,没有部分就没有整体,因此,整体的性质必然受部分性质的决定和制约。第二,在整体中,各部分之间存在着广泛的相互联系和相互作用,而这种相互联系和相互作用又是通过一定的结构实现的。就是说,整体中的各个部分通过一定的结构相互依赖、相互影响、相互制约。把科学技术知识看作一个整体,分析其中的结构。图 3.3 是科学技术整体结构示意图。

5. 按装备五力分类

通过对新时期我军历史使命的需求分析,从武器装备体系的五个任务能力要素(打击力、保障力、机动力、信息力和控制力)入手,结合武器装备建设的实际,遴选需要梳理和优化装备技术体系所涉及的武器装备体系。在确定武器装备体系的

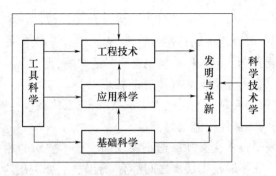

图 3.3 科学技术整体结构示意图

基础上,根据装备体系构建要素向装备技术体系构建要素的转换方法,逐一对每个装备体系进行工作分解和技术分解(图 3.4)。

图 3.4 按装备五力分类的技术体系结构

3.2.2 结构形式

根据文献分析和调研,技术体系结构存在以下几种表现形式,可指导体系结构的构建。

1. 宏观与微观

宏观和微观概念是从物理学中借用来的。物理学根据物理客体结构的时空范围大小,以原子为基点把物理世界划分为宏观世界和微观世界。

2. 树状与网状

树状结构和网状结构分别从不同角度和不同层面,以极为形象的比喻来描述技术体系结构的形态。

树状结构是装备体系、系统体系中很普遍的结构形式,技术和装备、系统的关系决定了树状结构是技术体系的重要结构形式。该结构的突出特点是每一层技术具有明确的含义和分层标准,上一层的技术领域包含技术方向,技术方向又包括主要技术点,每个技术点还可分为更小的技术,如图 3.5(a)所示。技术体系树状结构通常对应装备体系的分解结构,如:指挥控制技术对应指挥控制装备、侦察监视技术对应侦察监视装备,按照装备体系分解结构,依次对技术进行分解,某个小的技术点可能对应到某个装备上的零部件技术。由于树状结构按照从上到下、从整体到个体不断分解,所以这种结构层次性非常强,各个层次的关系明确,能够使体系局部完整和功能齐全。但这种结构也有明显的缺陷,由于是从上到下进行分解,所以在树的叶子上有可能出现大量重复的技术点;各个叶子上的技术点的关联性很难把握;如果在顶层或靠上的层次考虑不系统,那么体系也会存在严重的技术漏项,导致系统全局的整体性不能很好满足。

技术的发展表明技术交叉和渗透不仅在同一技术层次的相邻技术之间,而且在相距很远的同一或不同技术层次之间都有可能发生,要突出这种技术发展趋势,可用纵、横交叉联系构成技术的网状结构,如图 3.5(b) 所示。网络型结构能够更清晰地描述技术之间的关联性,但也会导致子体系间联系复杂,相互间缺乏约束力,子体系间的竞争加剧,难以形成密切协调的有机整体。

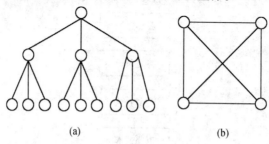

(a)   (b)

图 3.5　体系结构的基本形式
（a）树状结构；（b）网状结构。

3. 动态与静态

凡是不含有时间因素,科学结构不随时间变化而变化的,称为静态结构;相反,包含时间因素,科学结构随时间变化而变化的,称为动态结构。

4. 发生与逻辑

发生结构是按照知识元素发生发展的次序而形成的科学结构,它能反映各知识元素之间的内在联系和发展演变过程,宏观科学结构一般可用这种结构形式。而逻辑结构则是按照知识元素之间的逻辑关系来构造的科学结构,其中归纳结构形式现在已很少采用,而演绎结构形式已遍及整个科学领域。

5. 自然型与认识型

科学结构作为对自然界客观对象内在联系的反映,其结构形式必然要与该客观对象的结构形式及其发展演变过程相联系,反映这种关系的即自然型科学结构。科学结构作为不同历史时期人类对自然界认识能力及认识程度的反映,它必然与历史上人类对该学科对象的认识发展次序相关联,反映这种关系的即认识型科学结构。

3.2.3 结构模型

1. 美国国防部国防科学委员会技术体系结构

美国国防部国防科学委员会《21 世纪战略技术导向》针对未来军事挑战研究新的军事能力和建议发展的关键技术。该研究采用专家集中研讨方法,组织军事、科技专家进行装备技术体系,将装备技术体系设计为"能力—技术"的结构,包括面向 21 世纪的 4 项核心能力,43 项关键技术。

2. 美国空军《技术地平线 2010》技术体系结构

美国空军《技术地平线 2010》采用分领域的专家调查方法,按照空、天、网、交叉领域分成四个工作组,工作组在广泛调研基础上进行集中研讨形成体系设计方案。该装备技术体系设计为"能力—技术"的结构,包括 30 个潜在能力领域、12 项技术跨越倾向,以及支撑上述能力领域和技术倾向的 110 项关键技术。

3. 美国国防部研发与工程预算科技分类框架

美国国防部研发与工程预算部门从基础研究、应用研究、先期技术开发、先进部件开发与原型、系统开发与演示、作战装备开发和其他保障费用等给出科学技术的分类框架,各个类别可细分为相应的技术项。如基础研究又可分为材料技术、航空技术等。美国国防部研究开发工程预算科技分类框架如图 3.6 所示。

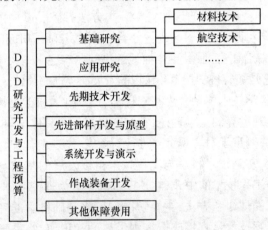

图 3.6　美国国防部研究开发工程预算科技分类框架

4. 我国科技部技术体系结构

我国科技部《国家技术路线图》采用大规模德尔菲技术预见方法,进行国家关键技术体系设计,该技术体系设计为"需求—任务—能力—技术"的结构,包括战略需求、战略任务、技术领域、国家关键技术和技术发展重点。

5. 钱学森现代科学技术体系框架

著名科学家钱学森,把现代科学技术作为一个整体系统,从纵向和横向两个维度划分,构建形成现代科学技术的体系结构,如图 3.7 所示。

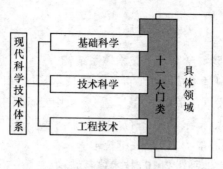

图 3.7 钱学森构建的现代科学技术体系

纵向上，按照研究对象的角度不同，将科学分为十一大学科门类，即自然科学、社会科学、数学科学、系统科学、思维科学、人体科学、地理科学、军事科学、行为科学和文艺理论，1996 年 7 月新加上了建筑科学。这些科学技术门类各有自己的研究角度。在钱学森看来，自然科学的研究角度是物质运动；社会科学的研究角度是人类社会的发展运动；数学科学的研究角度是质和量的对立统一；系统科学的研究角度是系统与要素的统一；思维科学的研究角度是人们认识客观世界的过程；人体科学的研究角度是人体在整个宇宙环境中的运动和发展；军事科学的研究角度是各集团之间的矛盾与斗争；行为科学的研究角度是在与社会的相互作用下个人行为的规律；文艺理论的研究角度是美感。他的这种科学分类方法打破了以往按照某个固定的对象、按照固定的物质运动形式对科学进行分类的局限，开阔了研究问题的思路。这有利于人们多学科地综合研究问题，更全面地解决问题。这十一大学科门类的划分并不是一成不变的，它是随着科学技术和认识的发展而逐渐完善的。

横向上，现代科学技术体系分为基础科学、技术科学和工程技术三个层次。基础科学是指认识客观世界的基本理论，它综合提炼了各具体学科中较普遍的原理、规律和方法，其研究侧重于对客观世界进行新探索，发现新规律，获得新知识，进而形成更深刻的理论，它是技术科学与工程技术得以发展的基础与先导。技术科学是联系基础科学与工程技术的中介，它是以基础科学为理论基础，在工程技术中提炼出来的普遍适用的规律和方法，主要解决如何将基础科学准确简练地运用于工程技术的问题。工程技术是直接改造客观世界的知识，它侧重于把科学技术通过实践活动运用于实际生产中，并在具体实践生产中总结经验、创新技术、改进方法，其发展是生产力发展的关键，同时也是基础科学与技术科学发展的动力。

6. 教育部学位授予和人才培养学科体系划分

高等教育部门根据科学分工和产业结构的需要设置了学科门类。在教育部的学科划分中，学科门是最高级别的学科，共有 13 个：理学、工学、农学、医学、哲学、经济学、法学、教育学、文学、历史学、军事学、管理学、艺术学；比学科门低一级的学科称为学科类，学科类(不含军事学)共有 71 个；比学科类再低一级的学科称为专业。图 3.8 给出了教育部学位授予和人才培养学科体系示意图。

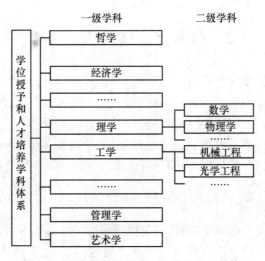

图 3.8　教育部学位授予和人才培养学科体系

7. 军事百科全书的军事技术体系分类

中国军事百科全书的军事技术门类共设 12 个学科,即军事技术总论、军事通用技术、军事信息技术、军事制导技术、军事航空技术、军事航天技术、军事舰船技术、军事核技术、军事化学和生物技术、军事装备维修技术、军事工程技术、军事系统技术等。军事技术总论反映军事百科技术的基础理论和知识,其他学科按通用技术和专用技术分类。军事通用技术学科主要反映通用技术方面的知识内容。专用技术主要以同类合并为主。图 3.9 给出了军事百科全书的军事技术体系分类示意图。

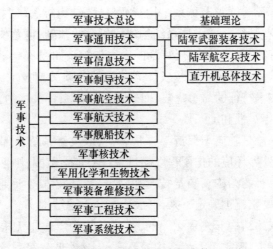

图 3.9　军事百科全书的军事技术体系分类

3.3 装备技术体系构建要素

装备技术体系构建要素是装备技术体系结构理论研究的重要组成部分，是对装备及装备技术体系内各种因素的系统描述，是装备技术体系结构构建模式和视图表示设计的基础，是装备技术体系结构设计与优化的重要保证。本章将在剖析装备技术体系与装备体系的辩证关系基础上，分别对装备体系构建要素和装备技术体系构建要素进行系统分析，详细分析体系的要素和要素间关系。

3.3.1 装备技术体系的结构特征

分析构成技术体系的基本要素，科学梳理和确定装备技术体系的结构特征，最终获得技术层的特征与技术体系层的特征之间的关系，为装备技术体系的描述和建模奠定基础，为优化设计提供优化目标和约束准则。

装备技术体系框架研究的核心是技术与技术体系的各相应"特征"，技术层的特征包括两类：一是技术属性，包括技术概况、技术所属类别、技术所属层次、技术贡献度、技术成熟度、技术标准、技术水平、技术风险等；二是关系，包括技术与技术之间的影响关系、关联关系、包含关系、技术对能力需求的支持程度、技术对装备需求的支持程度。

从技术的属性特征和关系特征等方面描述技术体系结构的共性特征，这些特征能支撑技术体系结构构建，能反映技术体系结构的特点。技术体系层的特征指的是由技术层的特征为基础获得的"技术体系成熟度"、"技术体系贡献度"和"技术体系风险程度"等属性特征，体系结构特征包括"结构层次"、"技术关联度"、"节点重要度"等。这些特征是技术体系结构建模研究的基础，也是技术体系结构优化的目标。技术层特征与技术体系层特征的内容与关系如图3.10所示。

武器装备技术体系是由支持装备体系建设的各项关键技术组成的统一整体，其特征并非单项技术特征的简单重复，而表现出在体系背景下的新特点，其结构特性主要有稳定性、相对性和动态性。

稳定性指系统总是趋向于保持某一状态，它取决于系统内部要素的稳定的有机联系方式，一旦外界环境的作用程度超过系统稳定性范围，则系统依作用的程度将改变甚至丧失原有的结构。装备技术在确定后，其技术水平、技术层次、技术标准、技术关联度等要素就被确定下来，形成稳定的系统结构。

相对性指系统的结构形式是无限的，这与系统的层次是无限的相一致。在系统结构的无限层次中，高一级系统结构的要素，包含着低一级系统的结构。复杂系统的层次复杂性和构建要素的复杂性往往是由结构简单的系统要素构成的。

动态性指装备技术体系在与环境进行物质、能量和信息的交换过程中不断发生结构的变化所表现出来的特性。随着技术水平、技术标准、技术贡献、技术对能

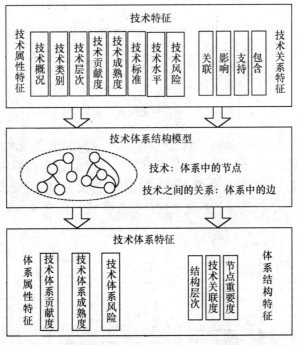

图 3.10 技术层特征与技术体系层特征的内容与关系

力的支撑的变化,技术体系构建要素会逐步变化,导致结构特性发生变化。作战模式的发展、装备能力需求加强,将促进装备技术不断创新发展。装备技术体系结构是各组成要素相互作用,以及与环境相互作用的结构,同时,现有的结构又是新结构生成的基础。装备技术体系结构总处于相对稳定状态和绝对动态之中。

3.3.2 装备技术体系与装备体系的辩证关系

装备技术体系构建要素分析可以理解为对装备技术体系与装备体系的辩证分析,分为两个方面:

一是从要素的角度,抽象出各种装备技术的本质特征,将本质特征概括成两个以上的要素,指出各种要素之间的关系。从不同的角度,可以抽象出不同的要素结构。本研究中,我们把从技术要素角度分析的装备技术体系称为"装备技术体系结构"。装备技术体系构建要素从两方面进行分析研究,包括装备技术体系结构要素和装备技术体系组成要素。

二是从实体的角度,分析装备技术体系所支撑的各种装备系统,指出各种装备系统之间的层次关系。从实体的角度来看,这些装备系统的组合方式是不一样的。本研究中,我们把从实体角度分析的装备技术体系称为"装备体系结构"。

从装备技术体系结构分析的方法来看,装备技术体系的要素结构是实体结构的基础,同时也是从实体结构中综合梳理出来的。实体结构是要素结构的具体表现形式,也是综合各种要素构建的结果。装备技术体系结构分析如图 3.11 所示。

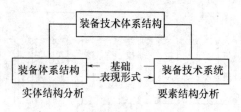

图 3.11　装备技术体系结构分析图

装备技术体系结构具有层次性,从整体上看,可以从装备技术体系中抽象出要素结构和实体结构。在分析实体结构时,可以从单个技术手段的联系入手,也可以从各个装备系统入手。如果分析装备系统,其内部又可以抽象出要素结构和实体结构(装备系统的子系统及子系统之间的关系),还可以继续分析子系统的结构,如图 3.12 所示。

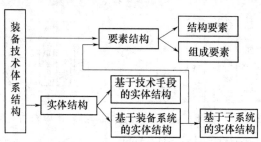

图 3.12　装备技术体系的结构层次

课题研究将分别从装备技术体系结构和装备体系结构入手,通过分析和提炼两者的构建要素,对装备技术体系和装备体系的特征进行综合描述,进而寻找两者构建要素之间进行转化的一种有效机制和方法。

3.3.3　装备体系构建要素

要素是从体系中抽象出来的原则或特征,对体系的要素结构进行分析可以完整描述体系的特点,但要素结构分析不等同于分类,必须要确认各要素之间的相互关系,并且能够动态运行。要素结构分析的另一个功能是通过这些要素构建出武器装备的体系。

为了综合考虑武器装备体系所具有的系统性和多样性特征,认为武器装备体系结构的构建要素主要包括任务能力、结构层级、装备型谱、装备关联等四个方面。

1. 任务能力要素

针对我军未来可能担负的主要作战任务,我军武器装备体系必须具备的主要作战能力有战略核威慑与反击能力、信息支援能力、电子/信息战能力、对地精确打击能力、海上进攻作战能力、综合防空防天能力、陆上机动作战能力和综合保障能力。

综合上述八种作战能力以及武器装备体系作战任务需求,认为武器装备体系的任务能力要素包括五种常见的基本作战能力,即打击力、保障力、机动力、信息力和控制力。

　　——打击力是指装备系统在一定时间内对敌方人员的身体和精神等方面的杀伤、干扰、影响程度,以及对敌方武器装备的破坏、瘫痪程度;

　　——保障力是指装备系统对于外来打击力的保护和抗拒能力;

　　——机动力是指装备系统对人员或物品在三维空间移动的能力,通常通过速度、承载能力等方面反映出来;

　　——信息力是指装备系统之间或装备系统内各要素之间以通信工具为手段进行联络协调、获取敌方情报的能力;

　　——控制力是指装备系统对作战期间的社会舆论、战场态势、战争进展的控制能力,使敌方装备系统的性能不能有效发挥,甚至是提前退出战场,控制力作用于陆、海、空、天、电等多维空间。

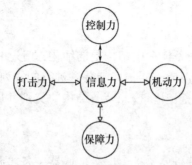

图 3.13　武器装备体系的任务能力要素

　　以"爱国者"导弹防御系统为例:

　　打击力来自于反弹道导弹的爆炸威力和打击精度;

　　保障力体现在导弹防御系统对所保护的战区的防御功能,也表现为各种掩体和隐蔽措施;

　　控制力表现为导弹防御系统对作战区域内敌方攻击导弹发射的影响力,可能会迫使其提前退出作战;

　　机动力表现在转移发射阵地的能力,也表现在反弹道导弹的飞行速度和空中变轨飞行能力;

　　信息力表现在早期预警、迅速反应、精确制导方面。

　　这五个方面不是决然分开的,"爱国者"导弹的打击力本身就是战区保障力的保证,也是对敌方作战能力的限制和控制,它的打击效果也取决于早期预警时间的长短、反应速度和制导能力,快速的机动能力也可以带来良好的保障能力,指挥控制中心、卫星装置需要良好的保障力来保证系统的运行,等等。

2. 装备结构层级要素

　　按照对体系的理解,可以将体系结构划分为体系级、系统级、平台级和单元级四个层级,每个层级对应的是对武器装备不同结构层次的抽象。

——体系级:在联合作战背景下为完成一定联合作战任务,由功能上互相联系、互相作用的各军兵种所属不同武器作战系统,在统一联合指挥控制和联合保障下耦合而成的大系统。如在联合作战背景下,由综合各军兵种武器装备的火力打击系统、综合保障系统、电子信息系统等武器装备系统共同组成的具有某种作战能力的武器装备体系。

——系统级:根据不同的作战能力和特性,由完成不同作战任务的武器平台,按照武器作战编制关系组成的武器系统,如由战斗机群、驱逐舰编队等具有火力打击能力的武器平台,按照一定的数量配比编制,共同构成的火力打击系统。

——平台级:具有不同作战能力的武器单元与搭载工具,为完成一定的作战任务连接而成的武器平台,如坦克、飞机、舰艇等。

——单元级:具有独立能力的武器实体单元,如机枪、火炮等轻武器、机载的炮弹、舰载的导弹等。

3. 装备型谱要素

装备型谱是对武器装备体系中结构层的细化,并按照系列发展的要求对品种相同、用途相同但规格和性能不同的武器装备进行的排列。装备型谱是系统装备选择的基本依据,武器装备型谱,按照装备结构的类别,以时间阶段列出相关装备的型号系列、规模、编配等。

4. 装备关联要素

装备关联是指武器装备体系各个层级的武器装备之间的各种关联关系,主要包括同一层级武器装备之间的依赖关系、组合关系,不同层级武器装备之间的包含关系、组成关系等,以及进一步获得的武器装备体系各武器装备之间的关联接口、关联信息、标准和协议等内容。

3.3.4 装备技术体系构建要素

1. 体系结构要素

1)技术层次

技术层次要素主要对武器装备体系所涉及的各关键技术进行合理的归类和分层,规范各关键技术之间的层次关系。由技术结构分解可得到技术层次要素包括层次要素、节点要素。如,通过分析装备技术的特点和基本趋势,可把装备技术分为基础技术、支撑技术、系统技术和前沿技术四类技术,每一类技术又包括不同的技术领域,技术领域可分为不同的技术方向,技术方向可分为相应的关键技术,装备技术体系包括四个技术层次要素,每个层次要素由几个节点要素组成,节点又分为子节点要素。通常情况下,可参考技术层次要素来构建技术体系。图 3.14 给出了装备技术体系的技术层次关系。

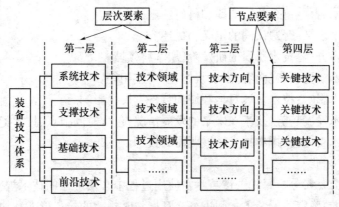

图 3.14　技术层次结构要素

2）技术关联

技术关联要素分别从定性的角度描述哪些关键技术之间存在相互影响,从定量的角度确定关键技术之间的相互支撑关系或确定其约束关系等。以技术层次要素为基础,图3.15给出了各个技术层次之间的关联关系。其中实线箭头表示技术之间的支持关系,虚线箭头表示技术之间的依赖关系,是对技术之间关系的定性描述。技术之间关系可以用技术关联度、技术依赖度和技术支持度进行定量化描述。

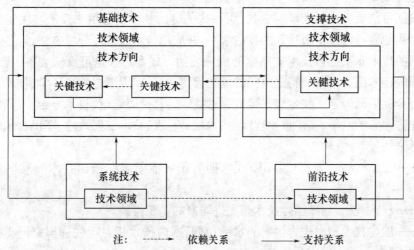

注：-----▶　依赖关系　　　——▶　支持关系

图 3.15　技术关联关系

2. 体系组成要素

1）技术条目

技术条目要素是对装备技术体系中单个技术的描述,是技术体系的个体要素和重要组成部分。装备技术条目要素可以用以下信息来描述：

——技术标识:统一的索引和存储规范赋值。

53

——技术名称:符合装备实践和科研约定的命名。

——技术定义:普遍认同的定义和描述。

——技术分类:技术所属的研发阶段、学科领域。

——技术摘要:研究内容、发展状态、主要应用等。

——技术影响:技术发展对本领域和装备发展的影响。

——技术发展趋势:技术在未来的发展情况,包含时间节点、技术指标等。

——技术支撑:支撑本技术发展所需的技术。

2) 技术标准

技术标准要素分析每种关键技术在使用过程中必须遵守的技术规范和必须达到的技术标准,确定武器装备之间进行交互操作时规范的接口形式和协议标准,标准应当反映先进技术水平,并为未来的技术发展提供指导框架。技术标准是装备技术体系的重要组成要素,描述了装备的重要技术标准和主要的技术标准需求,是支持装备系统功能实现和约束装备研制建设的技术规范。本研究中的标准种类主要包括国家标准(GB)、国家军队标准(GJB)、工程标准(如 SLB、JCB、QDB)和行业标准(如 SJ 等),以及一些用于指导信息系统建设的工程规范(比如"211"工程规范等)。

3) 技术水平

根据目前装备发展或研制现状,用一些关键的技术指标值来反映各关键技术应用在武器装备体系中所达到的技术水平,并应用技术成熟度分析方法,将各项装备技术的技术水平进行技术成熟度的统一表达。技术水平也可反映装备、技术保障方面的技术能力在某一特定时间的发达程度,这一程度根据相关科学、技术及经验的综合成果而确定。技术水平可以通过技术转移受限程度、技术差距、国内技术相对先进国家的水平、技术重要程度、技术难易程度、技术辐射效应、军民技术水平等指标来衡量。

——技术转移受限程度:判断技术拥有国可能限制向国内技术转移的程度指数。

——技术差距:判断国际技术与先进国家的差距指数。

——国内技术相对先进国家的水平:判断国内技术相对于先进国家同类技术水平的指数。

——技术重要程度:判断技术重要程度的指数。

——技术难易程度:判断技术开发难度的指数。

——技术辐射效应:判断该项技术开发对民用领域辐射效应的指数。

——军民技术水平:判断国防技术与民用技术孰优孰劣的指数。

4) 技术贡献度

技术贡献度要素指某项技术对于其所支持的武器装备体系完成使命的贡献程度。对体系完成使命的支持,需要考虑所支持系统的军事价值。有时也可描述为

54

技术对军事能力(装备体系)支撑能力的度量指标。

如飞机发动机技术对于远程火力打击武器装备体系的贡献,指的是对武器装备体系最终完成作战使命(摧毁某远程目标的)的贡献程度。结合前面给出的两个概念,这个分析过程可以分为两步,首先是确定该技术(飞机发动机技术)对于该装备系统(某型号飞机)实现功能(飞行功能)的支持度,再确定该装备系统(某型号飞机)对于体系完成使命(摧毁某远程目标)的军事价值,最后综合这两部分即可获得该技术(飞机发动机技术)对体系完成使命(摧毁某远程目标)的贡献度。

5)技术成熟度

《美军国防采办指南(2004)》中对技术成熟度(Technology Maturity)的解释是:关键技术满足项目目标程度的一种度量,是项目风险的主要要素。

我国于 2009 年 6 月开始实施的国家标准《科学技术研究项目评价通则》,给出了基础研究项目、应用研究项目、开发研究项目的 TRL 量表(表 3.2)。这标志着以国家标准的形式将技术成熟度的评估正式纳入科研项目评价体系中,为科学技术研究项目的量化管理和评价提供了科学规范的方法。

表 3.2　TRL 等级定义

TRL 等级	特征描述	主要成果形式
1	观察到基本原理并形成正式报告	报告
2	形成了技术概念和开发方案	方案
3	关键功能分析和试验结论成立	验证结论
4	研究室环境中的部件仿真验证	仿真结论
5	相关环境中的部件仿真验证	部件
6	相关环境中的系统样机演示	模型样机
7	在实际环境中的系统样机试验结论成立	样机
8	实际系统完成并通过实际验证	中试产品
9	实际通过任务运行的成功考验,可销售	产品、标准、专利

6)技术风险

技术风险要素描述发展该技术的技术可行性风险的基本评估结果。

7)技术与需求的关联

主要描述技术与装备、技术与系统、技术与能力之间的关联关系。

3.3.5　装备技术体系数据要素

以数据为中心的体系结构描述方法主要围绕体系结构数据要素及其关系进行体系结构设计,装备技术体系结构设计与开发也主要是在数据层和表现层上分别进行体系结构数据的建模和表现,体系结构数据要素是组成技术体系结构产品的最基本单元。组成装备技术体系结构的体系结构数据要素主要分成 4 个对象类:

实体、关系、属性和规则。

(1) 实体是技术体系结构设计对象,表示设计时需要收集哪些体系结构数据,如装备、能力、技术等;

(2) 关系是实体之间的关联关系,如接口线、需求线;

(3) 属性是实体和关系所确定的特性,如各类指标、数据交换;

(4) 规则是指导体系设计和随时间演化的原则与指南等,如标准、规范、体制等。

体系结构数据要素分布在技术体系结构视图和产品中,视图和产品通过体系结构数据要素相互关联和制约,共同构成对技术体系结构的描述。

3.3.6 各种要素之间的关系

技术各要素之间相互关系在技术活动中,常常表现为它们组成一个有机的系统的整体发挥其功能的特点,即相关性与独立性、互补性与主导性、自稳性与变异性(图3.16)。相关性表明各类技术要素间是相互联系的,各要素间除相互联系外,还是彼此对立的。互补性是指技术结构内部,各类技术要素间存在着互补机制,其中某类技术要素的变化可能引起或牵动其他要素的变化。自稳性是指各要素均有自我稳定的功能。

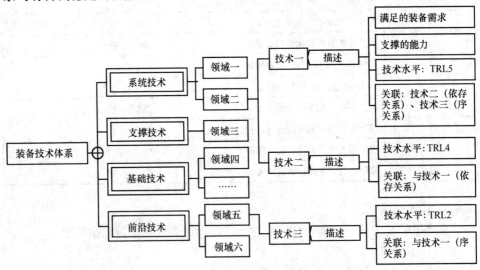

图 3.16　装备技术体系的构建要素及其关系视图实例

第4章　装备技术体系结构视图

体系结构设计,已经成为美国等发达国家防务采办和军事信息系统总体设计的基本方法与法定程序,在美国国防采办管理中,必须提供体系结构设计产品,作为决策与管理的重要支撑。近年来,我国对体系结构设计理论与方法开展了积极的探索和研究,在相关领域不同层面,针对武器装备系统体系结构设计进行了深入的理论研究和视图产品开发,对典型案例开展了工程应用。装备技术体系结构设计是装备体系结构设计的重要组成部分,借鉴美军 DoDAF、英军 MoDAF 等国外成熟体系结构设计方法,以及我军体系结构研究成果,对装备技术体系结构设计进行研究。本部分内容主要研究装备技术体系结构视图的设计构建方法,对装备技术体系结构视图产品及其设计构建流程进行描述。

4.1　装备技术体系结构视图设计概述

4.1.1　基本概念

美军通过多年的积极探索和实践应用,已逐步建立起一套规范的体系结构设计方法,用于武器装备体系、大型武器系统和军事信息系统的顶层设计。虽然体系结构设计方法正处在不断完善和发展过程中,但体系结构设计方法的作用日益增强,利用该方法开发的各类体系结构,已成为验证和评估新的作战概念、分析军事能力、完善装备体系、制定装备采办决策和作战规划等的重要依据,是提高系统互操作性的有力保证。

体系结构视图是规范体系结构设计方法及描述形式的统一要求,是对某一对象进行分析时选择的特定角度或领域,根据体系结构的应用需要,通常会采用多个视图来描述体系结构。在 DoDAF 体系结构框架中,技术视图主要指技术标准体系和技术标准预测,是对其他视图产品要满足的技术标准和规范要求的整体描述。本书研究中,参考 DoDAF 关于视图的体系结构描述思想,装备技术体系结构设计主要分析技术标准体系视图、技术标准预测视图、技术层次关系视图、技术映射关系视图、技术对能力支撑视图、技术与装备关联视图、技术与项目关联视图等的表示与设计,对技术体系构成要素的相互关系进行研究,获得技术体系在各个角度的基本信息,构建适合装备技术体系结构设计模型,实现装备技术体系多视角、多层次的综合描述。

装备技术体系结构视图由一些描述体系结构特征的模型组成,称为技术体系结构视图产品。技术体系结构视图产品用图形、表格或文本等方式表现,包括结构图、关系表、映射表、属性表、定义表等表格,或者文字说明等。其中,图表都需要有相关的文字说明,以便能使体系结构产品用户或其他相关人员充分理解该产品的内涵和实质。

4.1.2　技术体系结构视图设计目标

装备技术体系结构视图设计是对技术体系结构的可视化描述,通过视图的形式对技术体系及构建要素的相互关系进行形象描述,能够更加系统、清晰、完整地描述装备技术体系结构,是装备技术体系结构设计与优化的基础和保障。

1. 设计目的

研究开发装备技术体系结构的基本目的是构建装备技术体系结构,支持装备技术体系的规划、论证、设计、评估、优化、管理与决策,能够推进全军装备技术体系的一体化论证与顶层设计。

2. 设计成果用途

一是为制定装备技术发展战略、研究规划、项目计划提供支撑;二是为构建和完善装备技术体系提供顶层设计支持;三是为装备技术领域研究立项、设计、检验、评估提供支持。

3. 设计范围

参照"国家技术路线图"、"我国装备技术结构"、钱学森现代科学技术体系框架和军事百科全书的军事技术体系分类、美国国防部国防科学委员会《21世纪战略技术导向》、美国空军《技术地平线2010》、美国国防部研究开发工程预算科技分类框架等有关技术体系结构模型的有关要求和分类形式,本书考虑的装备技术体系结构设计范围主要包括共性技术、专用技术和前沿技术。时间范围为2020年前,并分为2015年前、2020年前两个主要阶段。

4.1.3　技术体系结构设计原则

指导原则属于高层的概念,可以为装备技术体系结构设计提供思路、约束和规则。装备技术体系结构设计应遵循下列原则。

1. 应用性原则

装备技术体系结构视图设计应清晰地支持既定目标,视图应该简单明了,还要达到既定目的。根据体系结构设计中采集到的数据、确定的项目范围、参考的规章制度标准,能够确定体系结构视图的可视化需求,满足装备技术体系结构设计工作效率和产品描述效果。

2. 关联性原则

装备技术体系结构视图设计应是可关联的、可比较的,能够促进跨体系结构的分析。大多数体系结构视图都与其他外部体系相关,当对多个视图进行描述、评价、比较时,应弄清楚视图间传输的数据怎样、在何处、为何要在这些体系之间传输。

3. 层次性原则

装备技术体系结构视图设计必须考虑视图各要素的层次性,而且层次区分是相对的,相对区分的不同层次之间又是相互联系的。只有明确视图的层次性,才能更清晰地表示各视图之间的关系。

4. 动态性原则

动态性原则强调,随着技术发展和技术领域的不断变化,以及装备发展和能力需求的变化,对装备技术体系结构视图的表示与设计也会相应地发生改变,在合适的时机需要对结构视图进行调整和优化。

5. 简单性原则

体系结构设计不应过于复杂,其详细程度应与构建体系结构的预期目标匹配。在构建装备技术体系结构时,同时确定体系结构的范围、体系结构的分解标准、体系结构的粒度,并定义体系结构数据元素的特征标准。

6. 通用性原则

装备技术体系结构设计应采用通用术语和定义,便于设计人员和使用人员快速阅读和理解,避免不相关的信息,体系结构的描述要符合用户的思维方式。

7. 灵活性原则

装备技术体系结构设计应采用模块化的、可重用和可分解的关联元素,各元素可根据项目需要进行重组,以满足不同用途所需。

8. 重用性原则

装备技术体系结构设计要尽可能统一有关要素,如通用术语和模型,开发出来的内容要能在同类项目间进行比较分析,可用于其他项目的相同体系结构描述,提高研究成果的应用效益。

4.2 装备技术体系结构设计视图产品

根据装备技术体系结构设计原则,参考 DoDAF 设计思想与方法,采用视图产品和模型来表示装备技术体系结构,选择装备技术体系构建要素以及相关数据作为视图的主要构成要素,系统描述装备技术体系结构。根据视图的体系结构描述思想,本书研究得出,装备技术体系结构由七个视图产品组成,这些视图产品共同描绘了装备技术体系,包括技术体系与能力体系的关系,技术体系与装备体系的关系,技术体系与项目体系的关系,以及技术体系自身的关系描述。视图产品分为技术标准体系(TV-1)、技术标准预测描述(TV-2)、技术层次关系描述(TV-3)、技术映射关系描述(TV-4)、技术对能力支撑描述(TV-5)、装备到技术映射描述

（TV-6）、技术体系与项目体系关联描述（TV-7）等。

4.2.1 技术标准体系（TV-1）

在体系结构框架中，技术视图有一个视图产品是技术标准体系（TV-1）。该视图产品定义了技术的、操作的、业务的标准、指导方针和用来描述体系结构的应用战略，同时也标识出可用的技术标准。通常，建立一个标准体系由识别出的和列出的当前应用和相关文档组成。TV-1描绘了在用的系统、服务、标准和规则。系统中的技术标准和软硬件的技术标准会得到应用。引用的标准是国际化的，就像ISO标准、国家通用标准或者企业级标准一样，如国家标准（GB）、国家军队标准（GJB）、工程标准（比如 SLB、JCB、QDB）和行业标准（如 SJ 等），以及一些用于指导信息系统建设的工程规范。

在装备技术体系结构设计中，TV-1 主要描述与武器装备体系相关的技术在现阶段所遵循的标准规范、要求、协议等，与系统视图中的系统功能、数据交换、信息传输、人机接口等有关，影响系统互联互通和功能重组等特性的具体标准。表4.1 描述了技术标准体系。

表 4.1 技术标准体系

技术体系层次	标准号	标准名称	备注
技术1	GJB ××××-20××	××术语	
	GJB ××××-20××	××技术指南	
技术2	GJB ××××-20××	××技术要求	
	GJB ××××-20××	××接口要求	
	GB ××××-20××	××评估指南	
	QDB ×××-20××	××规范	
技术3	GJB ××××-20××	××协议	

4.2.2 技术标准预测描述（TV-2）

在体系结构框架中，技术视图有一个视图产品是技术标准预测描述（TV-2）。包含技术相关的标准、操作标准、业务标准以及相关协定的预期的变化。TV-2 是关于体系结构描述中与系统相关的现行标准、作战的、业务的和行为的详细描述。预测应该关注于体系结构描述中的建设目标的相关内容，并且标识出会对体系结构产生影响的相关问题。

TV-2 描述了体系结构中关于技术的标准、指南和政策，是对 TV-1 中重要标准变化情况的预测。TV-2 的主要目的是确定装备预期的关键技术标准、标准的可实现性，以及这些标准对体系结构与其组成单元开发及维护的影响。TV-2 中所确定的时间目标，与装备战术技术指标特定时间段要求实现的战术技术指标、与系统发展路线图、与系统关键技术预测中预期可实现的新技术等相呼应,在整个体系结构设计中,这几个视图产品间的时间要素互相制约,互相协调。表4.2描述了技术标准发展预测。

表4.2 技术标准发展预测

技术体系层次	标准名称	适应装备	适应时间	可信度	备注
技术1	××术语	指控	2020年	95%	
	××技术指南	通信	2020年	95%	
技术2	××技术要求	…	…	…	
	××接口要求	…	…	…	
	××评估指南	…	…	…	
	××规范				
技术3	××协议	…	…	…	

4.2.3 技术层次关系描述(TV-3)

参考已有技术体系结构模型中"体系—门类—领域—技术"和"体系—领域—技术"等结构形式,依据我国武器装备发展需求、能力需求与技术现状,在技术预见基础上,设计和表示技术领域和层次关系。

装备技术体系结构视图中,用TV-3表示技术层次关系描述视图产品。TV-3是以图形的方式描述体系、系统和装备各级所对应的关键技术,目的在于描述关键技术在整个体系结构中所处的层次关系。TV-3紧紧围绕系统体系结构中装备实体建设的需要,分析支持该装备实体的各项关键技术。

一项技术被称为关键技术,必须符合以下条件之一:

(1)技术直接影响作战需求;

(2)技术对提高能力有重大影响;

(3)技术对系统可支付性有重大影响;

(4)对于螺旋开发,技术是满足螺旋交付的关键要素。

另外,作为关键技术,还需符合下列条件之一:

(1)技术是新的;

(2)技术需要被改进升级;

(3)技术需要重新包装,以适应一个新的相关环境;

(4)技术需要在一个环境中起作用,并取得超过其初始设计意图或演示能力的性能。

装备技术体系设计能够满足装备预先研究计划和项目设置方案的需求,合理支撑武器装备预先研究和项目规划计划,支撑武器装备能力提升和装备发展建设。从降低装备技术体系研究的复杂性和构建装备技术体系的难度来考虑,将"技术领域"和"主要技术"作为装备技术体系结构设计的核心构建要素,结合装备结构分解和技术结构分解,按"装备—分系统—技术领域—主要技术"模式,构建装备技术体系。图4.1描述了上述四层装备技术体系的结构模式。

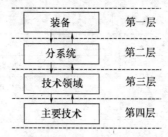

图4.1 装备到技术的技术体系结构模式

从装备技术体系本身复杂性和层次性的角度来考虑,对比装备工作分解结构中"体系—系统—平台—单元",考虑装备技术层次要素,按照"技术门类—技术领域—技术方向—要素技术"模式,构建装备技术体系。图4.2描述了这种装备技术体系的结构模式。

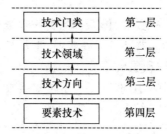

图4.2 技术分解的装备技术体系结构模式

其中:

技术门类是技术体系对技术划分的最高层次。目前技术门类主要沿用共性技术、专用技术和支撑技术的门类划分。应依据装备技术发展和装备研制的特点,按支撑技术、基础技术和前沿技术三类进行门类调整。

技术领域是根据相近技术属性提炼综合形成的技术群,相当于学科体系中的二级学科及以下层次,其粒度一般对应于装备预研计划安排的项目层次。

技术方向是对技术领域以下更具体的划分,具有一定程度的抽象性,体现了本技术领域发展的关键和重点,其粒度一般对应于装备预研计划安排的课题层次。例如先进制造技术中的精密加工、特种加工等方向。

要素技术是装备技术体系中的底层元素,其粒度一般对应于装备预研计划安排的专题和子专题层次,技术要素可用研究重点或研究内容进行描述。

"技术领域"、"技术方向"和"要素技术"是构建装备技术体系的核心要素。

4.2.4　技术映射关系描述(TV-4)

类似系统与系统,装备与装备之间存在衍生、辅助、依赖等关系一样,作为与系统、装备相关联的技术与技术之间也必定存在一些类似的关系,在装备技术体系结构视图中,用TV-4表示技术映射关系描述视图产品。TV-4描述了装备技术体系中技术的相互关系,可确定技术的逻辑分组。技术相互关系描述用于提供分析各种技术以及各种技术组之间依赖关系的方法,技术之间的分组是逻辑上的分组,分组的目的是指导技术体系顶层设计和项目体系设置,这些依赖关系和组可以说明为获得装备建设和项目设置的联系。

技术相互关系描述视图产品,可用连接线来描述技术之间不同的关系,以附表、属性表或文字描述形式细化关系描述,其中,还可以采用等级或优先级的方式确定技术之间的依赖等级。支持关系表示技术对技术的支撑,依赖关系表示技术对技术依赖,也可表示两两技术之间的相互影响、相互支持等。图4.3描述了技术体系中技术之间的映射关系。

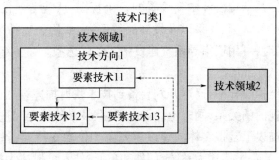

注:------▶ 依赖关系　　　——▶ 支持关系

图4.3　技术映射关系描述

4.2.5　技术对能力支撑描述(TV-5)

在DoDAF 2.0中引入了能力视图,包括能力结构、能力依赖关系等视图产品,通过对能力结构视图产品的开发,可以明确体系或系统要具备哪些能力,能力的层次关系是怎样的。在体系结构设计中,能力被定义为在特定标准和条件下,通过综合运用各种方法和手段展开一系列活动,达成的预期目标或效果。

在本书研究的技术体系结构中,通过对TV-3的描述,可获得技术层次结构。根据技术发展推动装备发展,提升装备或系统能力的实际关系,在技术体系结构中,设计技术对能力支撑描述视图产品,通过该视图产品可连接技术视图与能力视图的关系,同时也能明确发展某项技术的目标与效用,使技术发展转化到武器装备能力提升上。

TV-5描述各项关键技术对武器装备体系能力需求的支持关系,技术与能力之间是多对多的关系。用户可以据此了解实现所需的各级体系能力或系统功能,需要哪些关键技术作为支持,为了增强某项能力,需要大力发展哪些相关技术。技术对能力支撑关系描述可以用表4.3来表示。

表4.3　技术对能力支撑关系描述

技术＼能力	能力1	能力2	能力3	能力4	能力5
技术1	×		×		
技术2	×			×	×
技术3		×	×		
技术4				×	×

4.2.6　装备到技术映射描述(TV-6)

装备视图是体系结构设计中新设置的一个视图,从装备建设与管理的角度描述了装备构成、分类、指标、关系以及发展路线等,主要用于支持装备规划、建设等装备管理业务,同时,可用于指导系统建设中装备的选型。装备结构分解是装备到技术映射的关键。

在技术体系结构设计中,通过开发装备到技术映射描述视图(TV-6),可连接技术视图与装备视图的关系,同时也能得出,哪些技术的发展和进步可满足装备发展需求。TV-6描述了装备实体的建设需要哪些技术支持,装备实体与技术之间是多对多的关系,装备可描述为系统、部件和单元,技术可描述为技术领域、技术方向和要素技术等。表4.4描述了装备到技术的映射关系视图。

表4.4　装备到技术映射描述

装备＼技术	技术1	技术2	技术3	技术4
装备1	×		×	
装备2		×		
装备3			×	
装备4	×			×

4.2.7　技术体系与项目体系关联描述(TV-7)

在DoDAF2.0中引入了项目视图,项目视图模型描述了计划、项目、组合是如何提供能力的,从规划和项目到能力的映射,能够说明如何通过特定的项目或者规划要素实现某种能力。目前,我国项目设置会参考技术领域设置来进行安排,使得项目规划相对合理科学。如前面提到的,项目设置可能包括"项目—课题—专题—子专题",分别对应到"技术门类—技术领域—技术方向—要素技术",这就构成了项目体系与技术体系的映射关系。

在技术体系结构设计中,通过开发技术体系与项目体系关联描述视图(TV-7),主要描述项目与技术之间的对应关系,即针对具体的技术领域安排所属项目,对技术领域的研究与未来装备发展建设是项目设置的前提。其中,技术门类对应具体项目、技术领域对应项目课题、技术方向对应项目专题、要素技术对应项目子专题。表4.5描述了技术体系与项目体系的映射关系。

表4.5 技术体系与项目体系关联描述

技术\项目	项目	课题	专题	子专题
技术门类	×			
技术领域		×		
技术方向			×	
要素技术				×

以上7个视图产品分别体现了装备技术体系结构的特点,其产品之间从用途角度看,存在如图4.4所示的流程关系,同时,该图也给出了与技术视图相关联的装备视图、能力视图和项目视图等视图产品。

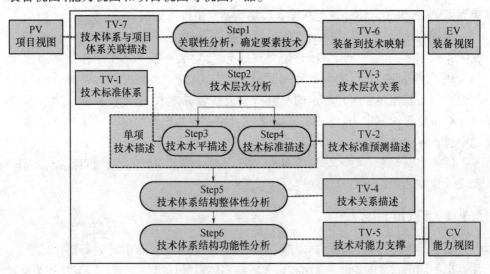

图4.4 装备技术体系结构产品描述流程图

65

第5章 装备技术体系设计基础

装备技术体系设计工作是复杂的系统工程,需要通过大量的设计准备工作为体系设计的实施提供良好基础。装备技术体系设计准备通过建立体系设计组织、确立设计基本原则和开展装备技术体系需求分析等基础性工作,确保装备技术体系设计科学有序地开展。

5.1 装备技术体系设计概述

装备技术体系设计本身在范畴上是一种设计活动。在设计学领域,设计被看成一种针对目标的求解活动,是以创造性的活动解决人类面临的各种问题,或者是从现存的事实转向未来可能的构思和想象。装备技术体系设计的对象是装备技术体系,装备技术体系设计的过程,就是针对装备技术体系的结构和组成布局的求解和构思。因此,可以如下定义装备技术体系设计:**装备技术体系设计是根据装备技术体系设计需求和设计目标,综合装备技术相关实践活动的军事、装备、科技、经济等因素,对装备技术体系的组成要素和结构要素进行规划的创造性活动。**

依据现代设计方法理论通常所采用的基本框架,装备技术体系设计理论研究在装备技术体系的概念内涵深化研究基础上,针对装备技术体系工作的本质规律和应用要求,围绕设计原则、设计理论和设计方法,提出装备技术体系设计的基本框架。装备技术体系设计理论的基本概念包括装备技术、装备技术体系和装备技术体系设计等。其中,装备技术、装备技术体系的基本概念在装备技术体系基本理论中进行界定。

以下将结合装备技术体系的实践,对装备技术体系设计的设计目标、设计内容和设计原则的内涵进行具体阐述。

5.1.1 设计目标

装备技术体系设计的目标以需求为导向,不同的具体需求对装备技术体系设计提出不同的设计目标。一般而言,装备技术体系设计目的主要有以下几种类型。

1. 满足装备体系建设发展规划要求

随着科学技术的飞速发展和新军事变革的深入,战争形态和作战样式发生了深刻变化,使得新型武器装备的高技术含量不断增加,系统构成日趋复杂,武器装备研制和武器装备体系建设的任务越来越丰富、越来越复杂,其中的根本原因是装备的技术领域覆盖不断拓宽、技术开发难度不断加大,装备技术管理理论相对发展滞后。因此,必须更加注重应用科学、有效的方法进行装备技术的发展论证,建立科学、实用、有效的研究方法论。同时,装备体系建设发展规划尤其关注现有科学技术发展为装备建设服务的可行性、发展周期等,装备技术体系通过对装备技术组成的分析、技术重要度评估、技术发展路线图设计等,可为装备体系建设发展规划提供必备的信息。

2. 建立装备技术领域间的清晰界面

在装备管理的规划计划制定和项目分工管理中,需要建立装备技术领域间的清晰界面,为进行准确高效的研发投入和分工管理提供依据,以避免重复投资、分工重叠等现象。装备技术体系设计通过进行技术领域划分设置、技术领域独立性分析、装备技术覆盖性分析等,建立装备技术体系内部各个技术系统、各个技术要素之间清晰的边界和关联,构建装备技术体系与装备体系之间的映射,为装备技术计划管理部门和装备研制管理部门提供清晰的装备技术体系视图。

3. 发现装备科研项目中的关键技术

随着高新技术装备在武器装备体系中的比例不断提升,装备技术密集度高、涉及面广、研制周期长和费用高,使得装备科研项目的管理要求和研发风险也随着相应提高。为此,必须运用现代技术管理方法和理念,提升装备科研项目的组织和管理水平。从把握项目研发重点,集中力量攻关的角度,要求对影响装备科研项目主要进度和决定项目成败的关键技术进行辨识,而装备技术体系设计正是发现装备科研项目中的关键技术基础。

4. 对技术物化装备可行性进行支撑

武器装备是装备技术的物化。这意味着装备技术是否可行、是否具备发展基础,决定了武器装备设计概念能否获得相应的技术支撑。例如发展航空母舰,相关的舰载机起降技术、高强度特种钢材技术、大型装备设计制造技术是否掌握,决定了研发能否获得成功。装备技术体系设计工作,可提供武器装备技术发展状况的全局视图,为全面掌握装备涉及的主要技术以及技术发展状况提供支撑信息。

5.1.2 设计内容

装备技术体系作为大系统(或称系统的系统),其内涵包括体系的总体构成(组成要素及要素内部特性)、能力结构、规模结构,各组成要素间及组成要素与环境间的关系,及技术体制和标准规范等。采用类似于一般网络系统的"节点—关系"二元组对装备技术体系 TSoS 进行形式化表示:

$$TSoS \hat{=} [TSoS\_Composites, TSoS\_Structure]$$

式中:TSoS_Composites 为装备技术体系的组成;TSoS_Structure 为装备技术体系的体系结构。图 5.1 对装备技术体系的内涵进行了概括。根据装备技术体系内涵对组成和结构的划分,为方便描述,可以将装备技术体系设计研究分为装备技术体系

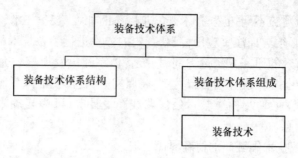

图 5.1　装备技术体系的内涵及设计工作的大概划分

的组成设计和体系设计两个部分。

装备技术体系设计的研究内容包括:建立适合装备建设实际的装备技术体系设计技术实现框架,科学确定装备技术体系设计的主要内容及层次关系,研究的基本目标、待解决关键问题、总体研究思路,以及与装备技术体系优化、分析、评估与预测研究之间的相互关系,提出装备技术体系设计和优化的指导思想、基本框架和操作流程,全面指导整个装备技术体系设计技术的研究。

1. 设计基础研究

设计基础研究主要包括明确设计任务、进行设计调研。明确设计任务指国家规划要求的课题或自身发展提出的设计任务。进行设计调研指在设计问题明确之后,有计划、有针对性地进行调查与资料收集,为设计定位奠定基础。

2. 结构要素设计

结构要素是装备技术体系的支撑骨架。结构要素设计主要是根据技术要素所具有的技术层次、关联等拓扑关系,以及科学技术划分参考框架,确定装备技术体系内部各个元素的关联样式。结构要素设计的目标是在装备技术谱系的基础上,形成装备技术体系设计方案。

3. 组成要素设计

技术要素是装备技术体系的基本单元。技术要素设计主要是列入装备技术体系的科学技术的遴选、技术要素信息获取、技术要素的描述和存储等。技术要素设计的目标是形成装备技术谱系,为进一步构建装备技术体系提供基础。

4. 方案分析评估

方案分析评估是依据具体评价准则,对装备技术体系设计方案进行分析评价,给出评价结论和优化建议。

5.1.3　设计原则

装备技术体系设计的基本原则就是依据国家的战略目标、军兵种的作战任务、技术与经济上的可行性等因素,确定装备技术体系的技术要素和结构布局。装备技术体系设计所依据的主要原则有以下几点。

1. 必要性原则

装备技术体系设计工作的必要性原则包括以下四点:

——满足形成威慑能力、维护国家安全和权益等方面对武器装备发展的要求;

——满足作战方针、作战原则、完成作战任务等方面对武器装备的发展要求;

——有利于克服现有武器装备在形成军事实力、完成作战任务和满足其他军事需要等方面存在的问题;

——在整个武器装备体制及配属中具有重要地位、作用。

装备技术的发展一定要服务于国家战略和军兵种战略,满足未来的作战需求,有利于形成整体作战实力。

国家战略是装备技术发展应服从的最高原则。一个国家军队装备技术的发展必须满足国家安全的需求,这是装备技术发展的主要目的。一个国家装备技术的发展不能过分超越这个需求,但也不能有明显的不足。美国的国家战略是维持世界的秩序,充当"世界警察",因此美国装备技术的发展目标就是"全球到达"。日本受和平宪法的制约,因此日本不能发展核武器、远程打击武器等武器装备。

军事需求是推动装备技术发展的动力,并且是牵引装备技术发展的原动力,军事需求牵引装备技术的发展是装备技术发展必须遵循的原则。什么样的作战样式就需要什么样的装备技术,如战术弹道导弹的威胁引发了反导武器装备的发展,而反导作战对于预警信息的需求强烈,因此带动了空间预警系统的发展,而"科曼奇"直升机下马的原因之一就是失去了相应的作战需求。

装备技术的发展首先是由军事需求确定的,装备技术的适应性是由作战效果检验的。因此,装备技术的体系构建与战术技术指标的确定是由作战需求牵引的,是先进的军事理论与先进的科学技术在作战效果上的统一。

军事理论创新是新军事革命的先导,是指导装备技术发展的导向标。新军事理论的出现将引发全新的作战理念和作战样式,并对适应新的作战理念和作战样式的装备技术提出了新的需求。如外科手术和斩首作战理论的出现对精确打击弹药的发展,防区外打击作战理论的出现对远程精确打击弹药的发展均起到了明显的导向和推动作用。

"需求牵引、技术推动"是装备技术发展建设的根本原则之一,装备技术发展需求分析是作战需求的体现,装备技术发展论证分析则是技术进步的体现,因此装备技术发展论证是在满足作战需求条件下,进行技术、经费、周期等因素的优化。

2. 先进性原则

装备技术体系设计的先进性原则包括以下 3 点：

——战术技术性能先进,满足作战使用要求;

——合理利用关键性高新技术;

——武器装备总体、各武器系统、分系统或设备的构成科学、合理。

先进性是一个相对的概念,既包含时间因素,又包含复杂的综合性技术和使用因素。在论证中,要以先进的军事理论为指导,以发展的眼光看问题,增大高新技术的含量,奠定武器装备先进性的基础。同时要注意合理利用高新技术,为未来的发展预留余地,更要重视高新技术和适用技术的集成,达到装备技术体系整体先进的效果。

3. 可行性原则

装备技术体系设计工作的可行性原则包括以下四点：

——充分考虑国家的科学技术基础、已有的技术储备或近期可能获得的科研
  成果;

——与国家的经济基础、武器装备研制与生产能力以及其他方面的承受能力
  相适应;

——满足研制周期要求;

——充分利用其他方面的有利因素,如可能引进的技术或国际合作等。

论证要充分考虑技术可行性、经济承受能力、时间约束性和其他因素的制约(政治、外交、环境),其中技术可行性是主要考虑的因素。

科学技术水平是武器装备发展的重要前提条件,也是装备技术发展的重要推动和约束条件。科学技术上的突破通常会导致新型武器装备的出现,如原子裂变与聚变理论和技术的突破导致了核武器的出现;计算机理论和技术的成熟,导致了信息化武器装备的出现。美国将"星球大战"计划退缩变更为 NMD 和 TMD 计划的原因之一就是遇到了许多技术上难以克服的困难。

4. 经济性原则

装备技术体系设计工作的经济性原则包括以下四点：

——在投资强度(寿命周期费用)相同条件下可能获得的作战效果最佳,或用
  尽可能少的投资获得尽可能高的作战效果;

——在促进军事技术和武器装备发展方面带来的其他效益尽量多;

——充分利用和继承同类或其他武器装备及设备的成熟技术;

——合理利用国家资源,尽可能兼顾军民通用和平战结合。

国家经济实力是装备技术发展的物质基础,是装备技术发展的重要约束条件。随着装备技术性能的提高,其发展费用越来越高,因此要全面、大规模发展是不现实的,会对国民经济的发展起到阻碍和迟滞作用。但如不具有必要的武装力量,在国际上发言的分量就不足,腰杆子不硬,就难以维护国家的利益。因此在装备技术的发展上要"有所为、有所不为",满足需求,经济上可承受,并可将装备技术发展过程中出现的高新技术迅速推广至民用领域,达到双赢的目的。

要改变装备技术体系设计只考虑研制生产的片面做法,牢固树立全寿命论证观,使论证工作逐步深入到装备建设、作战运用和相关保障等各有关环节,尽力降低武器装备全寿命周期费用。现代武器装备科技含量高、结构复杂,研发费用很高,尤其是对于整体配套武器装备的研发,所需的费用相当巨大,目前只有少数几个大国可以承受。为规避装备技术研发可能遇到的经费问题,世界上出现了多国合作进行武器装备研发的趋势。

5. 整体性原则

现代作战是体系之间的对抗,因此在装备技术的发展中应充分考虑体系对抗所带来的体系配套问题,贯彻装备技术体系建设结构优化、规模适度的原则。体系配套的原则是信息化条件下凸显的新的重要作战需求分析原则,某些装备尤其是信息化装备在武器装备体系中起到作战效果放大器的作用,如预警机、数据链、数据分发系统等信息化装备对作战的促进作用是公认的。通过信息化升级改造,可以以较少的投入提升现有武器装备的作战效能,这也是当前装备技术发展的一个经济快捷的方式。

论证要以战斗力为标准,把提高装备的整体作战效能作为基本原则,统筹考虑装备性能、质量、规模、编配、运用、保障、费用等影响装备效能的各种要素。

装备技术体系设计工作的体系配套原则包括以下四点:

——综合配套;

——协调发展;

——整体优化;

——有利于工程扩展和功能兼容。

6. 标准化原则

装备技术体系设计工作的标准化原则包括以下四点:

——符合标准化方针政策及有关条例和法规的要求;

——贯彻标准的范围、数量及其先进程度满足要求;

——与已有同类装备标准化程度比较,具有较高的总体水平;

——系列化、通用化、组合化程度高。

装备技术发展要尽力达到较高的标准化水平,标准化水平对武器装备的通用性、适用性、保障性具有重要的提升作用,标准化原则是武器装备研制的基本要求之一。

5.2 设计需求分析

军事需求是装备技术体系设计的逻辑起点,需求对接与转化对技术体系设计具有关键的影响。因此,装备技术体系设计要求军事需求的表达应具有清晰、详细而准确的描述。

5.2.1 需求获取

装备技术体系设计的需求包括使命任务、作战能力和装备体系等(图5.2 描述了军事需求层次)。装备技术体系需求的获取,应适应使命任务、作战能力和装备体系的发展,通过专家研讨、专题研究和系统分析,准确掌握这些领域对装备技术体系提出的需求。

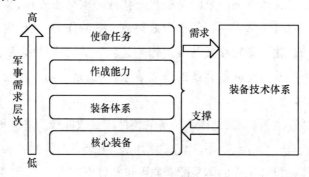

图 5.2 装备技术体系的需求层次

基于使命任务的需求获取方法主要是对军事战略思想和指导方针进行学习和理解,对国家顶层各类战略指导文件进行调研。同时,也包括对国际安全形势和周边安全态势进行专题研究,对使命任务的发展进行判断和预测。例如,美军在《21世纪战略技术导向》和《技术地平线2010》中均以美国国防部《四年一度防务评审》和《国家军事战略》作为装备技术战略的需求。

以美军《21世纪战略技术导向》为例,该研究将2006年防务评审[5]中的"击溃恐怖分子网络"(Terro)、"国土防御"(Home)、"塑造位于十字路口的国家"(Xroad)、"防止大规模杀伤武器扩散"(WMD),以及结合伊拉克和阿富汗局势增加"稳定、安全、移交和重建"（STTR）共 5 项使命任务作为军事能力开发的起点。在上述工作基础上,通过重要度（关键、重要、有关、无关）的排序,从军事能力建议中遴选确定了人文准备能力、快速奏效作战、泛在监视识别、海量数据的信息提取利用等 4 项新的关键军事能力。这 4 项关键能力被认为是冷战时期的"高速"、"隐身"、"精确"、"侦察监视"等能力的延伸,构成 21 世纪的类似于 OODA（观察、定位、决策、行动）的作战回路(图 5.3)。

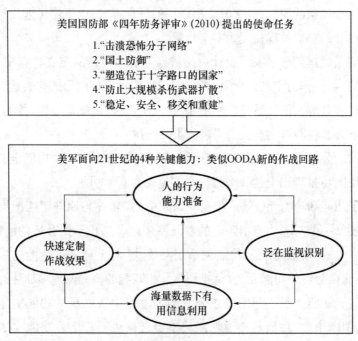

图 5.3　美军面向 21 世纪导向研究"使命任务—军事能力"转化

基于作战能力的需求获取方法主要是对部队作战能力发展进行学习和分析,邀请作战理论研究人员进行专题研讨等。同时,也包括对外军作战能力的现状、薄弱环节和发展趋势进行分析,创新提出新的能力需求。例如,美军参联会将 100 余项联合作战能力领域（JCA）作为作战建设的指导框架,《21 世纪战略技术导向》、《技术地平线 2010》等研究,作战和科技人员根据使命任务、科技发展提出创新的军事能力,如快速奏效作战、全球快速打击等。

基于装备体系的需求获取方法主要是对装备总体设想中新发展的典型装备的技术性能及其使用进行分析,包括对单项装备、装备组合和整体上达到的技术水平的调查分析,并与前一个谋划期、主要对手和国际先进水平的同类装备进行比较评价。例如,美军第六代战斗机设计提出对装备体系的设计概念、任务能力和性能指标,构成对新一代战斗机技术体系设计的需求。

5.2.2 需求分解

装备技术体系设计要求军事需求的表达应清晰而准确,并尽可能详细的描述,形成对装备技术的直接需求和装备技术体系的设计约束。

需求分解是一个从抽象到具体,逐步精化、进化和展开的推理与决策过程。可以把顶层比较抽象的需求、概念分成更详细的设计需求,以下将工业设计中需求分解到产品设计的一般过程梳理为 8 个步骤。

（1）问题的辨别与抽象。设计系统依据知识库对产品定义进行辨别与抽象,形成抽象的、可操作的产品设计需求问题(计算机可处理的形式化表达)。

（2）过程分解。设计系统按照主要过程、辅助过程、驱动过程、控制过程、连接与支撑等五方面将与结构有关的需求分类并分解。

（3）功能分解。依据被分解并分类的需求和知识库中的"功能定义及功能关系定义模块",可推理出上述几个过程内部包含的基本功能。

（4）子功能和功能元分解。根据知识库中的"功能与原理解匹配模块",直接寻找与上述每一个基本功能相匹配的单元原理解。如找不到合适的解答,则重新依据知识库中的"功能定义及功能关系定义模块"将上述基本功能进一步分解成子功能、不能再分解的功能元,直至找到与其相匹配的单元原理零部件解。

（5）组成功能产品。利用上述分解推理过程中所继承的功能实体之间的关系,依据知识库中的"功能定义及功能关系定义模块",将上述功能实体组合成初始设计问题的若干个功能产品解(由全部必需的功能、子功能、功能元及其相互的关系所组成的结构模型)。

（6）功能产品方案评价。依据设计需求对上述若干个功能产品解进行"功能满足度"的评价,并选择出满足设计功能需要的最佳功能产品解。

（7）构成原理产品方案。由于上述最佳功能产品解包含的每一个功能、子功能、功能元都可能对应着若干个与其相匹配的单元原理零部件解,因此依据最佳功能产品解内部所定义的功能关系结构,系统可依次推理将这些单元原理解构成若干个原理产品方案(由全部必需的单元原理解及更加详细的连接关系所组成的结构模型)。

（8）原理产品方案评价。依据设计需求对上述若干个原理产品解方案进行"原理可行性"评价,并选择出满足设计需求的原理上可行的最佳原理产品方案。

5.2.3 需求融合

需求融合按照"使命任务—作战能力—装备体系"需求从抽象到具体的递进关系,对不同类型需求逐层向上合并,或向下展开,形成同一层次上的规范化的需求结构框架和指标体系。需求融合的目标是形成层次等级在同一层次上的能力体系或装备体系。

需求融合的分解和融合过程可以采用价值中心法(Value – Focused Thinking,VFT)建立"需求—技术"的价值树结构,也可以采用质量功能展开(Quality Function Deployment,QFD)建立"需求—技术"的需求分解结构。

QFD方法本身是面向市场的产品设计与开发的一种计划过程,是质量工程的核心技术。QFD方法把用户或市场的要求转化为设计要求、零部件特性、工艺要求、生产要求的多层次演绎分析方法,该方法体现了以市场为导向,以用户需求为产品开发唯一依据的指导思想。

作为示例,图5.4给出了基于质量功能展开的需求分解流程。QFD通过逐层分解需求,并描述前一层需求和下一层需求的关联关系,建立递阶的需求层次结构,使得装备技术体系设计可以选择其中一个层次上、同等粒度的需求进行应用。

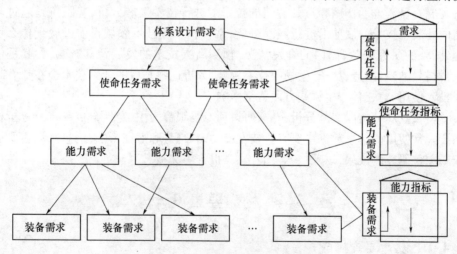

图 5.4　质量功能展开的分解流程

5.3　设计约束分析

装备技术体系设计约束分析通过对国内外装备技术发展现状和发展趋势的资料调研,以把握技术体系设计已有基础,界定装备技术体系研究所针对的装备对象。设计调研主要是资料调研和专家评判,调研的内容是国内外装备发展和科技发展情况。

5.3.1　装备发展分析

装备发展分析的目的是找出差距和薄弱环节,明确今后的发展目标,为构建科学的装备技术体系提供依据。进行装备发展分析,主要是从总体上对截止某一时期的装备状况进行描述,通过调查、统计、分析,研究未来装备发展趋势和已列入计划、正在进行概念研究的新型武器装备的前景;跟踪研究世界高技术装备发展现状和趋势,特别关注那些影响全局、可能在军事领域引起革命性变化的武器装备,如信息战武器、精确制导武器、空间武器、战略威慑武器、大规模杀伤性武器、新概念武器等及相应技术。

装备发展分析以定性分析为主,定性分析与定量分析相结合。常使用的信息数据主要有外军装备发展现状、趋势、关键技术等情况,信息来源主要是权威单位研究的成果,以及装备发展、装备经济分析方面的研究成果。

5.3.2　科技发展分析

装备发展的对抗性决定了必须着眼科技发展的前沿,建立武器装备的技术优势。科技发展情况调研的目的是分析现有的装备技术能力,在科技前沿辨识对装备发展有显著推动作用和重要价值的技术。进行技术发展分析,着眼点是通过对国内外装备技术发展前沿进行跟踪分析,掌握技术或技术领域目前进展到什么程度,国外的研究现状,国内的开发情况;预测新兴技术的发展及其影响,尤其是信息、材料、纳米、制造、量子、生物等技术领域,分析这些领域的新兴技术会在什么时间投入使用、对装备产生哪些方面关键影响。

科技发展分析以文献分析、专家研讨和专题跟踪为主,定性分析与定量分析相结合。常使用的信息数据主要有科技发展动向、趋势和潜在影响,信息来源主要是权威单位研究的成果,以及技术发展论文、报告等文献。

5.4　构建要素设计

5.4.1　设计要素构成

装备技术体系构建要素是从装备技术体系中抽象出来的原则或特征。从体系工程和系统工程的角度,装备技术体系的构建要素应包括体系组成要素和体系结构要素。在不同的设计情形下,装备技术体系需要考虑的体系构建要素组成各有不同。装备技术体系的构建要素有很多,通过对多个科学技术体系结构模式的实证研究,将可供各类装备技术体系具体场景参考和衍生的装备技术体系结构总结如下:

（1）"体系—能力—领域—技术"模型；
（2）"体系—装备—领域—技术"模型；
（3）"体系—门类—领域—技术"模型；
（4）"体系—领域—技术"模型。

在上述模型中，技术门类、技术领域、主攻方向和技术实体等是最常使用的装备技术体系核心要素。图5.5描述了这些要素在装备技术体系中所处的关系。

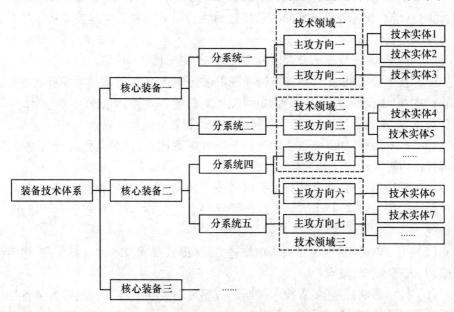

图5.5 四层装备技术体系的结构模式

（1）技术门类是技术体系对技术划分的最高层次。目前技术门类主要沿用共性技术、专用技术和支撑技术的门类划分。应依据科技发展和装备研制的特点，按系统技术、支撑技术、基础技术和前沿技术进行门类调整。

（2）技术领域是根据相近技术属性提炼综合形成的技术群，相当于学科体系中的二级学科及以下层次，其粒度一般对应于装备预研计划安排的项目层次。

（3）主攻方向是对技术领域以下更具体的划分，具有一定程度的抽象性，体现了本技术领域发展的关键和重点，其粒度一般对应于装备预研计划安排的课题层次。例如，先进制造技术中的精密加工、特种加工等方向。

（4）技术实体是装备技术体系中的底层元素，技术实体以下还可用研究重点或研究内容进行描述。

在具体的体系设计构成中，应根据装备技术体系分析的目标进行方案选择，对上述体系构成要素进行定制采集，满足具体的装备技术体系设计需求。

5.4.2 要素信息采集

装备技术及其属性信息是构建装备技术体系的基础。装备技术描述表采集的信息将作为装备技术体系要素技术和体系优化的支撑。

1. 技术描述建模

从装备技术体系构建整体的角度,按照"充分必要"条件,对装备技术的属性进行研究分析,设计装备技术的信息描述属性。以下描述了构建装备技术体系通常需要描述属性:

(1) 技术编号:根据信息存储分类规则,定义技术辨识信息。

(2) 技术分类:根据体系需求选择视角进行分类,例如可按技术发展状态分为基础技术、应用技术、新兴技术等,也可按面对的装备大类,如陆军装备技术、空军装备技术、海军装备技术等,为装备技术体系门类划分提供信息。

(3) 技术名称:如战斗机主动电扫描阵列雷达技术,技术名称对于支撑装备、了解技术内涵和进行分类具有一定的辨析度。

(4) 领域信息:描述要素技术所属的技术领域、技术方向和技术子方向,技术领域对应于项目层次,技术方向对应于课题层次,技术子方向对应于专题层次,为装备技术体系领域设置提供信息。

(5) 技术内涵(研究重点):采取描述方式,提供要素技术的具体信息,包括技术原理、机理、概念、重点等。

(6) 技术影响:描述要素技术预期的应用方向、发挥效应的信息,为装备技术体系的效能评估和能力分析提供支撑。

(7) 国内外情况:描述当前技术状态的信息,为进行装备技术体系的技术先进性、可行性评估提供辅助信息。

(8) 未来10年发展趋势:采取"时间—指标"模式,描述技术进展的预期,为进行装备技术体系的可行性评估和路线图研究提供支撑。

(9) 技术辨析信息:根据论文索引的关键词提取规范,提取 5~7 个技术关键词。

(10) 对装备的支撑,依据获得装备体系研究信息,或根据装备分类标准进行复选,为进行装备技术体系支撑装备体系发展的能力评估提供依据。

依据上述这些装备技术属性,可以根据实际需要定制信息采集表,按照"充分必要"原则对信息进行采集。书末附表1列出了信息采集表的示范表格。

2. 技术信息采集

装备技术的信息来源主要包括三个方面:一是已有的各类装备技术发展规划计划形成的信息数据库;二是围绕装备技术体系论证需求,专门组织科学家开展技术预见和技术调查;三是科技信息部门从信息网络、图书论文等国内外海量数据中,对装备技术热点和前沿进行收集筛选。

上述三类不同的信息来源各自具有的特点,使得它们在支撑装备技术体系构建时,在收集、筛选和利用环节上具有不同的特点:

(1) 装备技术发展规划计划。装备技术发展规划计划是指导装备技术发展内容、发展方向和发展途径的根本性、权威性指导文件。通常情况下,列入规划计划的装备技术都已经过科技、管理和装备部门认真审核和充分论证。因此,在采用现有规划计划中的装备技术时,主要以实际应用是否采用现有技术和信息要素是否充分为主要考虑因素。例如,在探索性装备技术体系构建这一类型应用中,可能现有规划计划中已包含的大多数装备技术尽可能少列入,除非其发展具有很长的延续性。同时,由于规划计划通常只保留了装备技术概要的信息,可能在论证过程中的详细技术信息没有保留,因而通常要依托装备技术规划计划论证人员,掌握装备技术完整的信息。

(2) 技术预见和技术调查。技术预见和技术调查是对新兴、前沿装备技术进行充分发掘,汇聚各科技领域专家群体智慧的信息来源。许多装备技术规划计划论证都要开展大范围的技术预见和技术调查,参与其中的科技专家从自身研究和对领域的了解,提供装备技术体系构建所需的装备技术信息。在采用技术预见和技术调查时,通常的考虑是要在技术预见和技术调查的基础上,主要开展围绕需求的技术筛选和技术分类。因为,专家提出的技术信息通常主要从技术推动的角度,而技术体系构建只能优先关注装备建设需求所急需的那些技术。同时,技术预见和技术调查最大的工作量是技术分类和整理,因为调查所获得的技术颗粒度和所处层次差异十分巨大,需要大量的人力进行规范处理。

(3) 科技情报收集。装备科技情报是专业化情报信息机构根据国内外发展动态进行及时发现、采集和加工而形成的、特殊的装备技术信息来源。现代科技情报通过专职人员对国内外装备技术动态跟踪、专用的自动化情报数据挖掘工具和文献计量工具,可为装备技术信息采集提供极大的便利。在采用科技情报信息来源时,主要的考虑是组织专家对情报信息进行甄别和筛选,防止陷入"技术欺骗"和"技术陷阱"。

上述三种装备技术信息来源可以综合采用,结合具体的装备技术体系构建需求进行搭配使用。在确定获得充分信息后,应根据统一的装备技术要素采集需求,对各个技术要素进行规范化和标准化处理,并依托计算机进行管理和存储。

3. 数据信息存储

数据是决策者所需信息的来源,是进行体系结构分析和优化的基础。DoDAF和 MoDAF 正由以产品为中心向以数据为中心转变。故采取以数据为中心的描述方法。在数据基础上,视图产品提供了一种收集、组织和可视化数据的模板,将产品之间通过数据的逻辑关系联系起来。

根据装备技术描述建模,可以建立装备技术要素的数据存储元模型,建立如图5.6 所示的装备技术基础数据库框架。其中,数据元模型中的数据项的具体含义见表5.1。

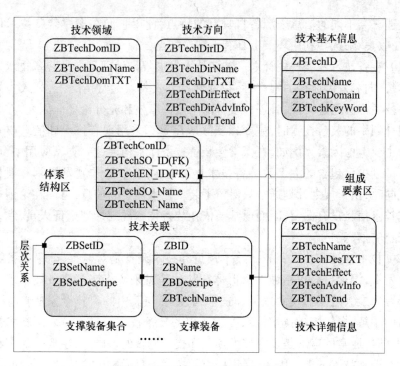

图 5.6 装备技术基础数据库框架

表 5.1 装备技术数据模型的数据项含义

主要划分	数据项要素	具体含义
组成要素	ZBTechID	技术编号
	ZBTechName	技术名称
	ZBTechDomain	领域信息
	ZBTechKeyWord	技术辨析信息
	ZBTechDesTXT	技术内涵
	ZBTechEffect	技术影响
	ZBTechAdvInfo	国内外情况
	ZBTechTend	未来 10 年发展趋势
结构要素	ZBTechDirID	技术方向编号
	ZBTechDirName	技术方向名称
	ZBTechDirTXT	技术方向内涵
	ZBTechDirEffect	技术方向影响
	ZBTechDirAdvInfo	技术方向国内外情况
	ZBTechDirTend	技术方向未来 10 年发展趋势
	ZBTechDomID	技术领域编号

	ZBTechDomName	技术领域名称
	ZBTechDomTXT	技术领域内涵
	ZBTechConID	技术关联编号
	ZBTechSO_ID	关联源技术编号
	ZBTechEN_ID	关联末技术编号
	ZBTechSO_Name	关联源技术名称
	ZBTechEN_Name	关联末技术名称
结构要素	ZBID	技术支撑装备编号
	ZBName	技术支撑装备名称
	ZBDescripe	技术支撑装备内涵
	ZBTechName	支撑装备技术名称
	ZBSetID	支撑装备分类编号
	ZBSetName	支撑装备分类名称
	ZBSetDescripe	支撑装备分类描述

第6章 装备技术体系设计方法

装备技术体系设计方法是进行装备技术体系设计涉及的各类设计理论、规划技术和系统方法。装备技术体系设计方法以定性分析为主,定性与定量分析相结合,是一个多目标、多约束条件的决策优化过程。装备技术体系设计方法针对装备技术体系设计需求和相关研究工作,从确定设计方法、描述结构要素构成和应用、分析体系结构设计步骤等方面制定规范。

6.1 体系设计方法概述

装备技术体系设计方法可分为定性、定量和定性与定量相结合三类方法,而且第三类方法应用范围很广。不管采用哪种方法,都应该建立在对国防和军队建设问题、国防科技有关技术领域的技术问题和各种武器装备的原理、结构、性能(包括特征性能和通用技术性能)有较全面了解的基础上。

6.1.1 体系设计方法维度

在装备技术体系设计过程中最关注需求、技术和可行性,主要考虑军事需求、科学技术、投入费用和管理协调等因素。设计方法解决的问题是:在影响因素制约下优化协调装备技术体系的需求、技术和可行性之间的关系,达到装备技术体系整体优化的发展目标。

装备技术体系设计涉及范围广、内容多,所涉及的知识多。装备技术体系设计工作可用阶段—逻辑—知识三维结构描述,论证工作中的任一状态均可由三维结构空间中的一个状态点描述,如图6.1所示。

6.1.2 体系设计相关技术

根据对装备技术体系设计各个环节的工作,分析工作和管理实践的支撑技术,归纳形成装备技术体系设计支撑方法的体系(图6.2)。主要包括基础信息服务技术、系统建模技术、定性定量评估技术、规划优化技术、群决策技术、仿真推演技术、可视化技术、军事需求工程技术和项目管理技术。

1. 基础信息服务技术

基础信息服务技术是为战略设计、战略实施与战略评价闭环提供信息采集、传输、检索、分发、存储与维护、安全与防护等方面支持的技术,主要包括信息采集、数

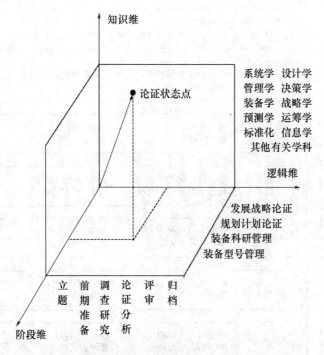

图 6.1 装备技术体系论证阶段—逻辑—知识三维结构

据标准与接口、异构数据集成、数据安全与认证等。

2. 系统建模技术

系统建模技术是为装备技术体系设计提供形式化、定量化的描述与分析模型的相关技术,主要包括结构化建模技术、工作流建模技术、影响图建模技术、因果链建模技术等。

3. 定性定量评估技术

定性定量评估技术是指对装备技术体系设计的关键业务环节进行定性评价和定量评估的相关技术,主要包括能力评估、费效比分析、综合打分法、投入产出分析方法、均衡分析、综合评估、净评估、SWOT 方法等。

4. 规划优化技术

规划优化技术是指对形成的装备技术体系设计相关方案进行优化分析的相关技术,特别是支持装备技术体系设计相关资源配置协调优化的技术,主要包括多目标优化、多学科综合优化、数学规划等。

5. 群决策技术

群决策技术是计算机技术、运筹学方法和管理科学理论相结合的产物,支持不同角色涉众进行更为合理有效的群体决策,主要包括综合集成研讨、情景规划、专家咨询研讨、专家综合评判、头脑风暴法、德尔菲法等。

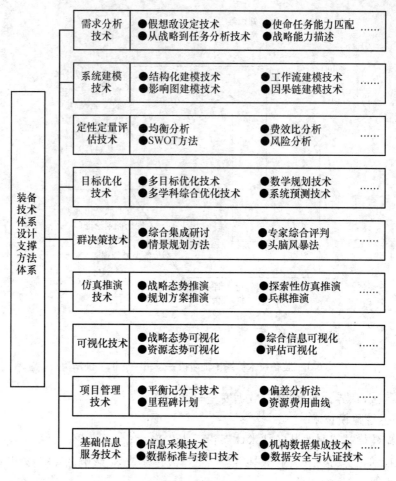

图6.2　装备技术体系设计的支撑方法体系

6. 仿真推演技术

仿真推演技术是应用相关模型与仿真技术对装备技术体系设计中的关键环节进行直观形象的分析演示与推演的相关支撑技术,主要包括战略态势推演、探索性仿真推演、规划方案推演、兵棋推演等。

7. 可视化技术

可视化技术是指对战略态势、资源态势以及统计信息进行二维、三维可视化表现的相关技术,主要包括战略态势可视化、战略能力需求可视化、资源态势可视化、统计信息可视化等。

8. 需求分析技术

军事需求分析技术是对战略需求进行分析、描述、建模与管理的相关支撑技术,主要包括假想敌设计、从战略到任务的分析、使命任务能力匹配、战略能力描述与度量等。

9. 项目管理技术

项目管理技术可以有效支撑装备技术体系设计过程中的相关组织管理活动，通过系统化全过程的计划、组织、指导、协调、控制和评价，保障在规定的时间、规定预算下合理组织相关要素达成预期目标要求，主要包括项目组织与评审、项目费用管理与收益分析、精益化管理、平衡计分卡、偏差分析法、决策树、甘特图、网络计划、鱼骨图等。

6.2 体系结构设计

装备技术体系结构设计以定性分析为主，定性与定量分析相结合，是一个多目标、多约束条件的决策优化过程。针对装备技术体系结构设计需求和相关研究工作，从确定设计方法、描述结构要素构成和应用、分析体系结构设计步骤等方面制定规范。

6.2.1 设计方法

装备技术体系结构设计是装备技术体系的关键环节，类似构建建筑物中对"建筑结构"的搭建。目前，装备技术体系结构设计主要凭借装备技术管理专家的经验，还没有比较系统化的专门研究。在广泛调研访谈和文献分析的基础上，我们总结了装备技术体系结构设计方法，为进一步深化研究提供基础。

1. 技术结构分解方法

技术分解结构（Technology Breakdown Structure，TBS）由工作分解结构（Work Breakdown Structure，WBS）引申而来。区别于工作分解结构，技术分解结构以具体的技术单元为终端端点。技术分解结构的构建针对装备需求，将装备分解到各项装备技术，形成层次化的装备技术体系结构。

1）技术分解结构原则

装备技术分解结构的关键是横向上的划分如何确保下层技术单元之间保持独立性，纵向上的分解如何获得颗粒度"充分而必要"的技术单元。具体包括以下准则：

（1）保持技术分解层次和内容上的完整性。装备技术体系应覆盖完整的装备分解目标，不能遗漏任何必要的组成（主攻方向或要素技术），任何一个单元 J，在被分解成几个低一层次单元 $J_1, J_2, J_3, \cdots, J_n$ 时，应存在集合关系 $J = J_1 \cup J_2 \cup J_3 \cup \cdots \cup J_n$，且 $J_i \cap J_j = \varnothing (i \neq j)$。

（2）各层技术分解单元具有明确的含义。技术结构分解中的各层次技术分解单元的确定应从装备科研实际出发，应具有相应的工作内容，已经具有或者可以提供概念定义、定词叙述及范畴界定。

（3）采取统一的视角。由一个上层单元 J 分解得到下层项目单元 J_1, J_2，

$J_3,\cdots,J_n$，应有相同的性质。例如：$J_1,J_2,J_3,\cdots,J_n$都表示功能，或都表示要素，不能存在混淆的视角。

（4）适当的详细程度和层次数量。分解层次和单元过少，造成分解单元粒度太粗，很难建立从装备需求到要素技术的映射，失去分解的作用。分解得过细，层次与单元太多，体系结构则变得极为复杂。我们认为，从装备到要素技术分解为4层比较合理。

2）技术分解结构流程

按"装备—分系统—主攻方向—要素技术"四层模式，针对"装备—分系统"分解对象进行三次分解。

（1）第一层技术分解："装备—分系统"。

技术分解结构是工作分解结构的延伸，目的是将工作分解结构得到的更接近技术的装备子系统或部件延伸至装备技术。因此，瞄准"装备—分系统"的第一层技术分解，可参照已有装备工作分解结构研究。对粒度过细或技术特点不突出的分系统进行合并和整理，对典型装备分解对象进行分解。

（2）第二层技术分解："分系统—主攻方向"。

第二层技术分解瞄准"分系统—主攻方向"，是建立装备和技术关联关系的关键环节。第二层技术分解结构将为后续技术领域的综合提炼提供主要依据。首先将分系统分解为下一层分解结构，该层内容更具体、与技术联系更接近，可映射为技术主攻方向。其中，主攻方向的确定充分借鉴装备科研、国防科技等相关的术语。

（3）第三层技术分解："主攻方向—要素技术"。

第三层技术分解瞄准"主攻方向—要素技术"，对每一个主攻方向进一步分解提出要素技术。第三层技术分解结构将为后续技术领域的支撑性验证和要素技术提炼提供依据。依据管理学基本原理，将主攻方向分解为具有"要素"特征的技术，一般分解成5~8个为宜。

以某研制中的超燃冲压发动机为例，其完整的TBS可以构建为如图6.3所示。

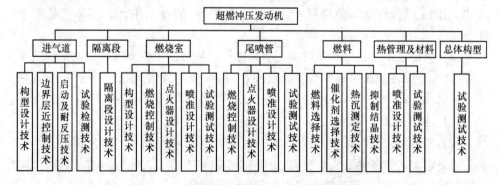

图6.3　某超燃冲压发动机的技术分解结构

技术分解结构方法从装备技术体系瞄准的需求（能力、装备）出发，自上而下对需求进行逐层分解。在横向上，同时是根据需求的功能划分（如信息、机动、火力、保障）或系统组成（动力、载荷、传感器）进行分解。在纵向上，末端的技术单元是满足设计要求和具有一定共识的装备技术。技术分解结构方法应用的焦点是横向上的划分如何确保下层技术单元之间保持独立性，纵向上的分解如何获得颗粒度"充分而必要"的技术单元。

2. 参考模型衍生方法

在装备科研实践、知识管理和科技管理等研究中，提出了科学技术体系的结构框架，可以为设计装备技术体系的结构提供参考。参考模型衍生方法就是利用这些装备技术体系结构的已有模式，根据装备技术体系设计的具体需求和具体组成，衍生出新的装备技术体系结构。例如，可以按照以下列出的 4 类基本模型，根据项目的需要进行衍生，即：①"体系—能力—领域—技术"模型；②"体系—装备—领域—技术"模型；③"体系—门类—领域—技术"模型；④"体系—领域—技术"模型。可以根据具体技术体系设计的要求，结合具体情况，在上述参考结构的基础上，进行体系结构模型选择和衍生，生成具体的体系结构实例。通常在体系结构模型选择过程中，需要考虑的依据包括：

（1）体系结构与设计需求的衔接度；

（2）体系结构与体系组成的融合度；

（3）体系结构自身的完备性和清晰度。

3. 体系演化优化方法

装备技术体系发展具有历史沿革和演化发展的特点，在一定时期内，体系组成分类、规模结构具有稳定性。装备技术体系结构的体系演化优化设计方法，立足对实践中形成的装备技术体系进行继承和发展，通过分析军事需求变化、科学技术进步等对技术体系结构的影响，对已有的装备技术体系进行调整和优化，得到新的装备技术体系结构。

体系演化优化设计方法主要是对已有装备技术体系结构进行必要的补充、删减与合并，依据是对需求变化和技术进步的调查，以及这些因素对技术体系结构的影响。此外，在补充、删减与合并之后，依据装备技术发展决策规律，考察装备技术体系结构中装备技术增加、更新后，技术体系支撑能力是否得到优化，设计原则是否得到贯彻。

1）基本思路

体系演化优化方法的基本思路包括：局部优化和总体优化相结合，解决系统工程中各局部最优并不等于总体最优的问题。装备技术体系结构是一个复杂的大系统，由许多分系统组成。根据系统工程原理（局部最优，不一定保证总体最优），装备技术体系结构优化，既要保证各分系统的优化，还要形成总体上的优化。体系演化优化设计方法"整体指导下分层优化、在分层基础上进行整体优化"的方法，就是实践这种要求的有益探索。这个方法的基本思路是:先通过军事需求分析、效能计算、兵力(装备)综合,形成初步优化的装备结构方案;然后对主要兵种装备或具有某项功能的装备类别进行优化;最后用层次分析法(或用发展的线性规划方法)进行方案评价与优选,实现总体优化。

体系演化优化设计方法在突出费效分析这个优化重点的前提下,兼顾了数量、质量构成比例的协调,是以"增值评估"为基础,与装备质量结构、数量结构分析相结合的组合分步优化的方法。"组合式分步优化方法"的直观描述如下:

"体系演化优化设计方法" = "增值评估" + 结构均衡

2) 实施流程

体系演化优化设计方法的实施步骤如下:先进行装备基本结构"增值评估",在不改变装备结构"上限总费用"条件下调整有关装备组合,得出总任务完成量最大时的装备构成,达到装备结构效费优化;然后进行结构均衡,即实施数量结构分析和质量结构分析,形成合理的装备构成数量比和高、中、低档技术水平搭配比,经协调后实现结构整体优化;最后在二者优化的基础上,酌情进行反馈、迭代,使两种优化协调,实现结构整体优化。具体步骤如下:

第一步,对装备方案进行增值评估,建立增值评估流程。基本思路是依据装备发展决策规律,考察装备结构中装备增加、更新后,装备综合作战能力会出现一个任务增加量;装备结构中的研制费、购置费和全寿命周期费用也会出现一个增加量;当不改变装备结构"上限总费用"的约束条件下调整有关装备组合,即调整新增加的装备的品种、数量及其效能,得出总任务完成量最大时的装备组成,此装备组成即为基本优化结构。

第二步,进行装备技术质量结构和数量结构分析。

装备数量结构用反映总体规模中相关装备组成的一组比值(如战斗舰艇与辅助舰船的数量之比、作战飞机与辅助飞机的数量之比)表示。简要优化过程是:首先根据作战使用需要、装备发展实际和优化准则要求,确定海军装备结构中相关装备组成之间的标准比值,并计算相应装备组成之间的实际比值,通过对比二者的差距,对装备总体规模方案的组成进行适当调整,使其逐步达到标准值。

第三步,进行迭代分析,实现整体优化。

数量结构和质量结构的调整一般不使作战能力和经费发生较大变化;否则,应返回到增值评估中进行迭代分析,直至达到整体优化为止。

6.2.2 结构要素

结构要素是装备技术体系构建要素的重要组成部分,是设计装备技术体系的关键。结构要素包括结构层次和技术关联两个基本要素。

1. 结构层次

结构层次要素主要对武器装备体系所涉及的各主要技术进行归类和分层,规范各主要技术之间的层次关系。结构层次要素包括层次要素和节点要素等属性。如,通过分析装备技术的特点和基本趋势,可把装备技术分为几大类技术,每一类技术又包括不同的技术领域,技术领域可分为不同的技术主攻方向,技术方向可分为相应的主要技术,装备技术体系包括四个层次要素,每个层次要素由几个节点要素组成。图6.4给出了装备技术体系的结构层次关系。

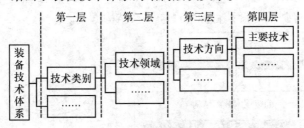

图6.4 结构层次关系

2. 技术关联

技术关联要素分别从定性的角度描述哪些主要技术之间存在相互影响,从定量的视角确定主要技术之间的相互支撑关系。以结构层次要素为基础,图6.5给出了各个层次之间的关联关系。其中实线箭头表示技术之间的支持关系,虚线箭头表示技术之间的依赖关系,是对技术之间关系的定性描述。技术之间关系可以用技术关联度、技术依赖度和技术支持度进行定量化描述。

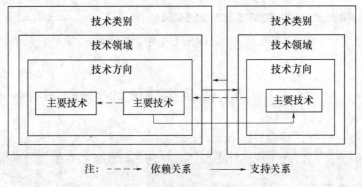

注: ----→ 依赖关系 ——→ 支持关系

图6.5 技术关联关系

6.2.3 设计步骤

体系结构设计是装备技术体系设计的重要组成部分。根据体系结构设计方法和原则,体系结构设计步骤和流程如图6.6所示。

结构设计步骤:

(1)确定装备技术体系结构方案设计要求,主要体现装备技术层次和装备技术规模两个方面的要求;

(2)根据结构设计要求和目标,利用多视角技术结构分解方法,确定技术分解结构；

（3）确定结构层次数、技术节点数，并分析技术关联度、技术依赖度、技术支持度等，为结构设计提供要素支持；

（4）在前面分析基础上，构建结构方案；

（5）对构建的结构方案进行分析与评估，调整不合理的或不能满足目标要求的子结构，最后得到满足设计目标的最佳体系结构方案。

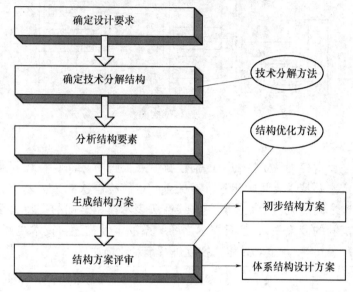

图 6.6　体系结构设计工作步骤和流程

6.3　体系组成设计

装备技术体系的组成设计，对装备技术体系中的技术谱系方案以及技术的信息采集方案进行设计，并生成供体系整体设计使用的装备技术组成要素信息库。

6.3.1　设计方法

根据装备技术体系组成设计的多阶段迭代、多方法集成、多领域综合的特点，体系组成设计采用多阶段综合集成设计方法。该方法的基本原理是：将体系组成设计划分为领域调查、技术预见、技术选择和方案评审等阶段；构建集成文献计量、文献调研、技术预见、技术评估、综合研讨等多个设计方法构成的体系组成设计方法体系；从领域调查的初步划分开始，按领域分组开展设计并集成，结合体系组成设计工作的递进，与体系结构设计进行迭代的衔接、验证和优化。图 6.7 对多阶段综合集成设计方法业务组成和接口产品进行了描述。

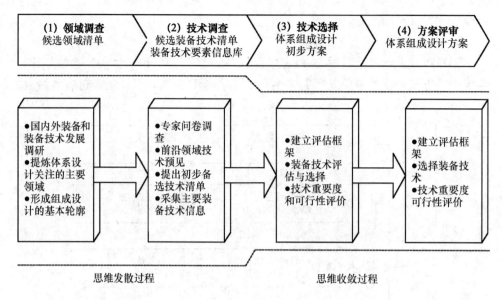

图 6.7 多阶段综合集成设计方法业务组成和接口产品

1. 阶段划分

多阶段综合集成设计方法将体系组成设计划分为领域调查、技术预见、技术选择和方案评审等四个阶段。这四个阶段围绕生成体系组成设计方案的目标,先后产生互相衔接的设计产品,形成组成设计的工作闭环。

1)领域调查

领域调查是体系组成设计的首要环节。领域调查对国内外装备和装备技术发展现状及发展趋势进行调研,提炼体系设计关注的主要领域,形成组成设计的基本轮廓。领域调查的产品是装备技术的候选领域清单。

2)技术调查

在领域调查基础上,技术调查采用两轮专家问卷调查获取技术清单,在新兴前沿领域开展技术预见进行新兴技术补充。首轮调查提出初步备选技术清单,提高技术清单的完备性,防止遗漏;次轮调查凝炼出主要装备技术,采集主要装备技术信息库。技术调查的产品是候选装备技术清单及装备技术要素信息库。

3)技术选择

技术选择根据装备技术组成设计的各个约束,对技术调查获取的技术清单进行选择。技术选择采用技术评价方法(指标评分、层次分析、质量功能等)进行,建立装备技术评价的评估框架,选择列入体系组成的装备技术,并作技术重要度和可行性评价。技术选择的产品是体系组成设计的初步方案。

4)方案评审

方案评审是组成设计方案收敛的关键阶段。邀请军事、装备、科技等领域专家,根据体系组成设计的原则,对体系组成初步方案进行评审,根据专家意见进行修改优化,使设计方案迭代收敛。

2. 方法体系

体系组成设计涉及范围广、内容多,涉及多个领域的知识和方法。多阶段综合集成设计方法根据各阶段设计工作性质,对各类设计方法和设计技术进行集成,构成一体化的体系组成设计方法体系,如图6.8所示。

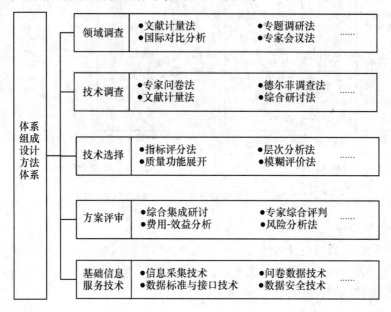

图6.8 体系组成设计方法体系

领域调查和技术调查阶段可视为发散型思维过程。领域调查和技术调查阶段通过文献计量、专题调研、问卷调查法、国际对比分析等,通过更大范围地扩大思考面,获得更多的决策信息。

技术选择和方案评审阶段可视为收敛型思维过程。技术选择和方案评审阶段通过综合评价、综合研讨、风险分析等,以及方案评价和群体研讨,集成各领域、各层次专家智慧,最终收敛于装备技术体系组成设计方案。

围绕领域调查、技术调查、技术选择和方案决策的设计流程和中间产品,基础信息服务技术负责提供调查信息采集、问卷数据标准、结果数据分析和数据安全存储应用等服务。

3. 设计衔接

多阶段综合集成设计的迭代优化考虑体系组成设计与体系结构设计等其他体系设计环节的协同推进,在体系组成设计的各个阶段,与体系结构设计进行多次衔接、验证和优化。

迭代优化与体系结构设计的衔接点包括:

(1)在领域调查阶段,与体系结构设计结合,形成一致的"领域—分领域—技术方向"设置的初步方案。

（2）在技术调查阶段，根据一致的领域结构方案开展技术调查和新兴前沿领域的技术预见，根据技术调查和预见结果，对领域设置进行增加、合并和删减等调整。

（3）在技术选择阶段，在调整的领域设置方案基础上，形成体系整体设计方案，由自顶向下或自底向上，进行"领域—分领域—技术方向"逐层选择评价。

（4）在方案评审阶段，主要从体系组成设计角度，对体系设计方案进行评审，给出体系组成设计和结构设计调整建议。

6.3.2 组成要素

组成要素描述在体系设计中所涉及的装备技术知识本体。组成要素既包括描述一项装备技术至少应包含的信息，也包括在装备技术体系设计和应用时所需的信息。

1. 组成要素构成

组成要素设计必须紧密围绕装备技术体系设计以及体系产品的应用需求，应按照"充分必要"的原则，形成组成要素设计方案和信息采集规范。

从"必要"条件的角度，装备技术的基本要素是描述一项科学技术至少应包含的信息，同时还是开展评估是否列入装备技术体系组成的信息。通常包括技术标识、技术名称、技术定义、技术摘要等。

从"充分"条件的角度，装备技术基本要素的调查和获取，应充分满足装备技术体系产品生成和应用的业务需求。实践中已辨识的业务需求包括技术路线图、技术层次图、需求与技术关系图等。围绕这些业务需求，基本要素通常包括技术影响、技术预期、技术分类、技术与需求的关联、技术与技术的关系等。

表6.1对装备技术体系组成要素构成及其含义进行了总结。

表6.1 装备技术体系组成要素构成及其含义

名　称	含　义
技术标识	统一索引和存储规范下的赋值
技术名称	符合装备实践和科学研究认同的命名
技术定义	普遍认同定义或定性叙述
技术摘要	研究内容、发展状态、主要应用等
技术影响	重要程度、发展状态、影响领域等
技术预期	用户定义时间维度上，技术发展可能达到技术成熟度等级
技术分类	技术所属的研发阶段、学科领域
技术—需求的关联	技术与系统、装备、能力的关联
技术—技术的关联	技术在体系中的关系，如衍生、辅助、依赖等

2. 要素组合应用

装备技术体系设计的具体需求多种多样,对组成要素采集存在多种组合。为方便说明,以技术路线图、技术层次图、需求与技术关系图、技术优先度表、研究分类表为例,阐述体系组成各个要素设计的应用实例。

1)技术路线图

技术路线图是装备技术体系用于规划装备项目进程的应用视图之一。技术路线图的构建,可以通过将技术标识、技术名称、技术定义、技术摘要等必要元素,以及技术预期、技术—技术的关联等元素组成生成。图6.9为技术路线图及要素组合示例。

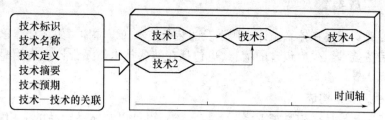

图6.9 技术路线图的要素组合

2)技术层次图

技术层次图是描述装备技术体系的应用视图之一。技术路线图的构建,可以通过将技术标识、技术名称、技术定义、技术摘要等必要元素,以及技术分类、技术需求的关联等元素组成生成。图6.10为技术层次图及要素组合示例。

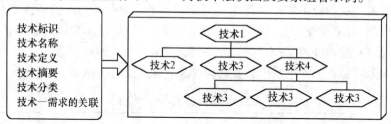

图6.10 技术层次图的要素组合

3)需求与技术映射表

需求与技术关系图是装备技术体系用于规划装备项目进程的应用视图之一。技术路线图的构建,可以通过将技术标识、技术名称、技术定义、技术摘要等必要元素,以及技术分类、技术需求的关联等元素组成生成。图6.11为需求与技术映射表及要素组合示例。

6.3.3 设计步骤

体系组成设计是一个复杂过程,包含大量的具体工作。设计过程应精心组织,并按照一定工作程序组织实施,确保最终形成满足目标要求的装备技术体系设置

图 6.11　需求与技术映射表的要素组合

方案。按照多阶段综合集成设计方法的各个阶段,以及实际设计过程中的组织实施,提出如图 6.12 所示的装备技术体系组成设计的具体工作步骤和流程。

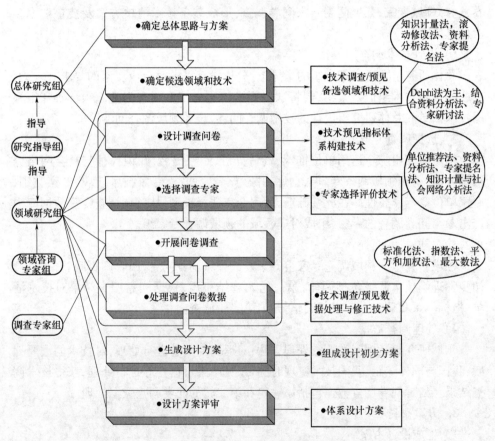

图 6.12　装备技术体系组成设计的步骤

1. 实施准备

设计准备主要建立在体系设计总体框架下的组织结构,确定研究总体思路和方案,以及初步的领域和技术清单。设计准备为整体设计提供组织保障,确定研究路线和进行需求分析,形成设计轮廓。

1）确定实施方案

总体研究组在研究指导组的指导下,确定体系组成设计的目标和任务,确定体系组成设计的思路和方案,制定体系组成设计的流程,确定每一步的承担者、主要工作、应达到的目标、每一步拟采用的技术方法等。

2）确定候选领域和技术

在研究指导组的指导下,领域研究组在总体研究组的指导下,系统分析装备技术体系设计的需求,分析国内外装备技术发展趋势,综合运用知识计量法、专家提名法、滚动修改法和资料分析法等多种方法,提出轮廓设计的领域技术清单。

2. 技术调查

技术调查根据需求分析,进行组成要素设计,并将组成要素设计映射为专家问卷,选择领域专家,开展两轮专家问卷调查,形成装备技术清单方案及装备技术要素信息库。

1）设计技术调查问卷

总体研究组在研究指导组的指导下,分析设计需求对组成要素的要求,建立要获取的装备技术组成要素组合,将这些要素转化为技术调查问卷。领域研究组根据技术清单和总体研究组设计的技术调查问卷,设计领域调查问卷。

2）选择调查专家

领域研究组综合运用单位推荐、资料分析、专家提名、知识计量与社会网络分析等方法,得到领域调查专家数据库,并补充专家职称、专家技术任职、专家类别、专家单位等专家属性。在此基础上,运用专家选择模型,从领域调查专家数据库中选出参与问卷调查的专家,组成对应领域的领域调查专家组。

3）开展技术调查

领域研究组向领域调查专家组专家发放领域调查问卷,回收调查问卷,并进行初步整理。技术调查包括两轮,第一轮调查结束后,根据问卷调查结果对技术清单、指标体系和调查专家进行调整,开展第二轮调查。

4）处理调查数据

领域研究组运用问卷调查处理方法,对返回的问卷进行处理,对技术的重要程度、我国与国外差距、我国技术实现时间、预见结果可信性等进行处理,获得技术调查结果。处理问卷调查数据包括第一轮和第二轮的问卷调查数据处理。

3. 方案研讨

1）生成设计方案

领域研究组根据两轮问卷调查结果,在领域咨询专家组的指导下,采用技术评价方法(指标评分、层次分析、质量功能等)进行,建立装备技术选择的评估框架,选择列入体系组成的技术,并作技术重要度和可行性评价,生成体系组成设计初步方案。

2）进行方案评审

总体研究组在体系组成报告的基础上，在研究指导组的指导下，综合体系结构设计方案，根据体系组成设计的原则，对体系设计方案进行评审，根据专家意见进行修改优化，形成装备技术体系结构框架设置方案。

6.4 人机综合设计方法

6.4.1 计算机辅助分析

人机综合设计方法借助计算机进行装备技术体系设计优化分析，并充分依靠装技术与管理专家的知识和经验进行综合提炼，通过反复迭代，综合提炼出装备技术体系设置方案。图 6.13 给出了人机综合的装备技术体系设计流程。

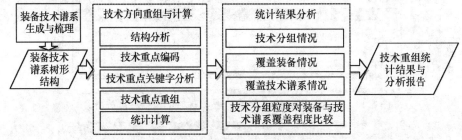

图 6.13 人机综合装备技术体系设计流程

（1）装备技术相似度分析：装备技术相似度分析通过技术名称关键字分析，借助计算机软件工具，通过关键词、名称等文本匹配，为技术领域的提炼、技术重组与整合提供定量化的辅助决策支持。

（2）技术对体系覆盖分析：技术对体系覆盖分析通过计算机进行技术分组情况、覆盖装备情况、覆盖技术谱系情况以及技术分组粒度对装备和技术谱系覆盖程度的统计分析（图 6.14 ~ 图 6.16）。

6.4.2 专家提炼与综合

专家提炼与综合将根据装备技术体系人工分析和计算机分析的结果，根据经验和知识，综合提出技术体系的设置方案。由于装备数量和种类众多，即使选取了典型性装备，装备技术体系求解空间仍比较庞大。如此庞大的数量规模，对专家判断与综合会造成极大的困难。

基于渐进"局部 – 全局"优化原理，从部分装备的技术重点出发进行综合提炼，得到能在一定程度上反映整体特征的技术集合，在此基础上逐步拓展至其他装备进行补充和验证，以实现技术领域方案逐渐收敛。在逐步拓展过程中，技术领域的整体优化特征不断明显，领域补充和调整的程度不断减少，逐渐形成稳定的方案。图 6.17 对专家提炼和综合方法的优化思路给出了建议。

技术分组粒度	技术组数量	对装备的覆盖情况	对技术谱系的覆盖情况
30	52	5.01%	4.81%
29	53	14.84%	14.10%
28	54	20.04%	18.59%
27	54	24.49%	22.92%
21	55	28.39%	26.28%
18	55	30.06%	29.17%
17	55	33.02%	31.89%
15	55	35.62%	34.29%
12	55	37.66%	36.22%
11	57	46.57%	45.03%
10	59	51.95%	49.84%
9	60	55.10%	52.72%
8	60	59.00%	57.85%
7	63	64.01%	62.34%
6	65	68.09%	66.19%
5	70	73.47%	70.99%
4	80	82.00%	78.69%
3	89	87.94%	84.45%
2	102	93.88%	90.87%
1	139	100.00%	100.00%

图 6.14　技术组划分粒度对装备/技术体系的覆盖程度分析表

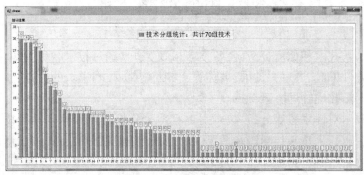

图 6.15　技术分组情况统计

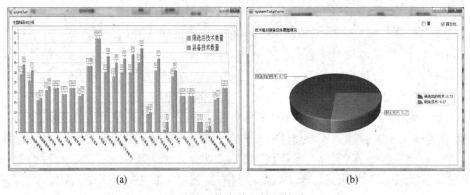

(a)　　　　　　　　　　　　　　　　　(b)

图 6.16　技术分组情况统计

（a）覆盖各类型装备情况；（b）覆盖装备技术整体情况。

98

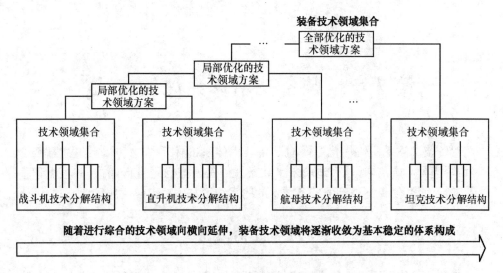

图 6.17 装备技术体系领域提炼的专家综合判断方法

第7章 装备技术体系评估优化

装备技术体系评估优化主要对装备技术体系的体系结构和体系组成是否合理,是否满足军事需求,是否适应未来装备发展需要等问题进行评估,并根据评估结果进行优化,使最终得到的装备技术的体系结构与体系组成更加科学。

7.1 评估方法

装备技术体系评估必须进行定性定量综合,即综合运用运筹学、系统工程、信息科学、管理科学等,利用测试、度量、评估以及建模与仿真技术等,进行定性与定量相结合的综合集成评估,全面衡量装备技术体系的性能。

7.1.1 主要技术体系评估方法

常用的装备技术体系评估方法主要有以下五种。

1. 技术成熟度(TRL)评估方法

技术成熟度是衡量技术状态满足其应用目标程度的尺度。技术成熟度评估就是指经过应用或相应的运行环境试验,评估技术是否满足应用目标要求。1969年,NASA 在阿波罗登月项目中就产生了需要评估项目新技术成熟度的观点,这可以认为是技术成熟度的起源。经过数十年的发展完善,美国国防部已经以法定的形式要求每个国防采办项目都要进行技术成熟度评估。其他国家以美军技术成熟度评估理论为基础,也开发出了一些技术成熟度评估体系,如英国国防部开发了技术嵌入度量标,加拿大国防部开发了"技术成熟度水平体系"。但是基于 TRL 的技术评估存在以下几个问题:一是只用于对单项或某型装备系列技术进行评价,而不能对整个技术体系进行评估;二是技术只开展到系统层面,并没有说明某项技术对于体系完成使命任务的定量支持程度,即技术对于武器装备体系完成使命的贡献程度;三是最终只是给出一个相对模糊的评价结果,并没有给出定量关系。

2. 试验评估方法

试验评估方法即物理实验方法,这种方法将技术转化为装备,然后进行靶场实验或者实兵演练,这种方法最为有效、最符合实际,但对于时间和费用的要求都很高,因此在资源有限的条件下难以实现。

3. 战争推演方法

战争推演是基于仿真的实现,以仿真来代替描绘真实的情形。战争推演可以用于对抗模拟,来识别对未来军事行动有重要影响的可能的新技术。战争推演依赖于专家判断,不能完全实现体系的完整效果,缺乏可描绘性。

4. 定量化技术评估

美国空军实验室(Air Force Research Laboratory,AFRL)致力于研究"集成新方法、工具和现有'工业标准'的工具以高效测试新技术对航空系统能力的效果"的定量化技术评估方法,目的是使得这种方法能够定量评估技术对装备系统关键能力的影响。定量化技术评估方法(Quantitative Technology Assessment,QTA)提供了供研发者决策的可追踪过程。QTA 方法的关键技术是构筑仿真和参数建模。

5. 基于专家的技术体系评估方法

基于专家的技术体系评估方法主要由专家根据构建的评估指标,对装备技术体系的体系结构和体系组成进行分析,判断其是否满足设计要求,是否满足军事需求等,并给出下一步的调整意见。此种方法的核心是专家的选择及评估指标体系的构建。

7.1.2 基于专家调查的装备技术体系评估

装备技术体系的评估既包括对单项技术的评估,更重要的是对体系结构以及体系是否满足军事需求,是否能够有效支撑装备技术发展的评估。由于整个装备技术体系结构庞大,涉及的技术领域与技术方向多,技术成熟度、试验评估、战争推演、定量化技术评估等方法都不具备良好的操作性。基于专家的技术体系评价方法借助专家的智慧对装备技术体系进行评估,具有更好的可操作性。该方法的特点是综合体系设计方案整体以及体系结构、组成设计的评估度量,建立体系整体评估指标体系和评分模型,依托专家群进行评估决策,采取加权打分评价模型,进行技术体系的群体评估。技术体系评估方法的基本流程如图 7.1 所示,整个过程可分为评估准备、专家评估和评估处理三个阶段。

1. 评估准备

评估准备阶段主要完成评估前的一些准备工作,包括确定评估方法、构建评估指标体系、建立评估专家库。

2. 专家评估

专家评估阶段主要是从专家数据库中按一定的模型遴选出参加评估的专家,完成根据评估指标体系设计的评估问卷,对技术体系进行评估,主要包括专家遴选和专家调查两个阶段。

3. 评估处理

评估处理阶段主要是对专家评估的结果进行处理,并据此对技术体系进行优化,主要包括专家评估意见处理、专家修改意见综合和体系优化。

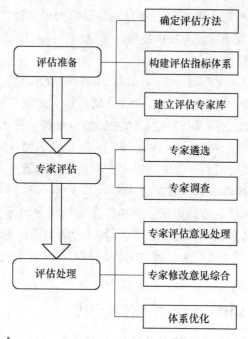

图 7.1 技术体系评估方法的基本流程

7.2 评估指标

评估指标是专家进行技术体系评估的依据和标准,其科学、合理性直接决定整个技术体系评估的效果。

7.2.1 评估指标设计原则

评估指标体系直接关系到评估结果的客观、准确、有效,在构建装备技术体系的评估指标时应遵循以下基本原则:

(1)系统性原则。评估指标应从系统的角度,全面、综合地反映装备技术体系的整体情况,抓住主要信息,对直接效果和间接效果都能给予反映,保证评估的全面性和可信度。

(2)客观性原则。评估指标应尽可能地避免主观因素的加入,指标含义应尽量明确,并注意参与指标确立的人员的权威性、广泛性和代表性,有时还需广泛征集多方面的意见,入选指标应具有较好的权威性、普适性和代表性。

(3)独立性原则。指标之间应尽可能避免显见的包含关系,不交叉、不重叠,对隐含的相关关系应在评估模型中以适当的方法消除。

(4)可操作性原则。在基本满足系统评估的前提下,指标体系应尽可能简单,以尽量少的指标反映尽量多的信息,计算简单,易于操作,以避免造成指标体系过于庞大,给以后的评价工作造成困难。

7.2.2 评估指标体系形式

不同的目标结构,会带来不同的评价指标体系形式,常见的评价指标体系形式有以下三种。

(1)层次型评估指标体系。根据评估对象的特性以及评估的目标,通过分析系统的总体层次、结构层次、组成层次的评估指标体系。

(2)网络型评估指标体系。在结构较为复杂的系统中,若出现评估指标体系难以分离或系统评估模型本身要求决定时,应使用或部分使用网络状的评估指标体系。

(3)多目标型评估指标体系。对复杂系统而言,追求单一目标的系统评估,往往具有很大的局限性,通常应建立多目标的评估体系。在多目标体系中,每个目标的评估指标体系可以是层次型的,也可以是网络型的,甚至可以是多种形式的综合。

7.2.3 评估指标体系

装备技术体系评估主要评判体系总体上是否满足需求、是否符合技术体系的基本特性,体系的结构是否合理,体系的组成是否完备等。因此,采用两层的层次型评估指标体系。第一层分为体系方案整体指标、体系结构指标和体系组成指标。在第二层,体系整体指标分为体系满足需求、体系表示规范和体系经济可行,体系结构指标包括框架清晰稳定,体系组成指标包括基本要素齐全、组成比例协调和技术先进,如图 7.2 所示。

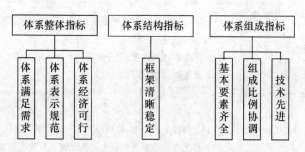

图 7.2 面向体系的评估指标体系

根据装备技术体系设计的基本原则,综合军事需求、技术发展和研发风险等多种因素,可以建立装备技术体系方案分析评估的指标体系(表 7.1)。

表7.1 装备技术体系方案分析评估的指标体系及评估度量

评估指标	指标评判依据
1. 需求满足程度	(1) 满足形成威慑能力、维护国家安全和权益等方面对武器装备发展的要求 (2) 满足诸军兵种战役战术任务对武器装备的发展要求 (3) 有利于克服现有武器装备在形成军事实力、完成作战任务和满足其他军事需要等方面存在的问题
2. 技术先进	(1) 技术前沿调研充分,合理利用关键性高新技术 (2) 与国际先进比较,可以形成技术优势 (3) 战术技术性能先进,满足作战使用要求
3. 基本要素齐全	(1) 充分开展重大军事能力和武器装备体系研究,以此为基础遴选装备技术要素 (2) 充分开展装备技术发展调查,尽可能全面地掌握装备技术的整体态势 (3) 体系设计具有开放接口,允许新技术及时纳入装备技术体系
4. 框架清晰稳定	(1) 清晰界定技术体系的边界、层次、关联、要素,符合一般体系设计的要求 (2) 领域划分采用统一的视角,划分边界比较清晰,描述粒度基本一致,同时具有向其他视角转化的柔性 (3) 充分吸收装备科研专业人员、管理人员的智慧,在管理、研究、产业部门形成共识
5. 组成比例协调	(1) 综合装备技术体系所面向的当前装备和未来装备的技术储备需要,统筹基础研究、前沿技术和关键技术的比例 (2) 从体系对抗角度,充分考虑技术体系的整体配套问题,贯彻装备技术规模适度、比例协调的原则
6. 体系表示规范	(1) 符合标准化方针政策及有关条例和法规的要求 (2) 贯彻标准的范围、数量及其先进程度满足要求 (3) 与已有同类体系标准化程度比较具有较高的总体水平 (4) 系列化、通用化、组合化程度高
7. 方案经济可行	(1) 充分考虑国家的科学技术基础,或近期可能获得的成果 (2) 与国家的经济基础、装备研制与生产能力以及其他方面的承受能力相适应 (3) 满足研制周期要求

7.3 评估步骤

在建立装备技术体系设计方案的评估指标体系基础上,通过建立技术体系方案评审专家组和专家评价模型,依据群决策和定性定量评价的特点,进行群体综合评价和指标评分制模型,对技术体系方案进行评价分析。同时,根据专家评价结果和修改意见的反馈,对方案进行优化整个流程如图 7.3 所示。

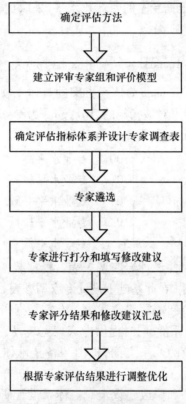

图 7.3 评估步骤

步骤 1:确定评估方法。主要是确定指标评分模型和评分方法。根据评估指标体系建立指标评分的标准和对应的分值,采用 10 分制的打分方法,生成专家评分表,提供给评审组专家,对装备技术体系设计方案进行综合评价。

步骤 2:建立评审专家组和评价模型。根据装备技术体系方案评价所覆盖的领域,建立由军事、装备、科技、管理和预算等领域的专家构成的评审组。

评审专家组的建立是进行装备技术体系评估研究的一个关键问题。专家结构要具有全面性和广泛的代表性,需包括官、学、产、研、用等多个领域,从而保障预测结果的客观性、科学性。专家的选择应遵循以下原则:

——专业性原则,即专家的选择应挑选在某一领域工作较长时间,具有一定学

105

术影响力,且具备该领域相关高级专业技术职称的研究人员。

——分布性原则,即专家选择时要保证专家分布于技术、管理等不同岗位,来自科研院所、企业、军队等不同系统。

——规模化原则,即一般来说,参与咨询的专家数量越多,其对技术预测的判断也越准确,但一般会受到专家库中专家数量的限制,同时专家增多也会增加工作量应根据具体实际,确定适当的规模。

——连续性原则,即专家选择过程应考虑专家以前参与咨询的效果反馈情况。

对每一个评估指标,根据专家的专业化水平,采取加权打分评价模型,进行方案群体评价。

$$TA\_Index\_Remark = \left(\sum_{i=1}^{n} Remark_i \times prof_i \right) / \sum_{i=1}^{n} prof_i$$

该模型中,TA_Index_Remark 为体系方案的具体一项指标在汇总专家评分后的最终得分,$Remark_i$ 为专家对该指标的打分,$prof_i$ 为专家的专业化水平,n 为打分专家总数。其中,专家的专业水平 $prof_i$ 取值为

$$prof_i = \begin{cases} 100, & \text{专业水平高} \\ 70, & \text{专业水平较高} \\ 30, & \text{专业水平一般} \\ 10, & \text{专业水平较低} \\ 5, & \text{专业水平低} \end{cases}$$

步骤3:确定指标体系并设计专家调查表。根据装备技术体系设计目标及军事需求,设计评估指标体系,在此基础上设计专家调查表。

步骤4:专家进行打分和填写修改建议。专家根据指标体系及评估度量对装备技术体系方案进行打分评价,同时提供专家意见表,从提高需求满足程度、确保技术先进等设计原则对应的八个方面,提出装备技术体系设计方案明确的修改建议。

步骤5:专家评分结果和修改建议汇总。体系设计研究组对评审专家组的评估结果和修改建议进行汇总,形成方案评价报告。

步骤6:根据专家评估结果进行调整优化。在体系设计指导组的指导下,体系设计研究组根据专家意见进行调整优化。

第8章 装备技术预见理论和方法

装备技术预见运用大规模德尔菲调查法、专题研究(战略研究)、专家头脑风暴等方法,对装备技术体系的技术要素及其属性信息进行挖掘,为装备技术体系的构建和描述支撑。(本章在综合分析大规模德尔菲调查法、专题研究(战略研究)、专家头脑风暴等方法的基础上,研究提出基于知识聚类的前沿技术预见方法,采用定量的知识计量聚类分析对国内外文献数据库进行技术挖掘,为装备技术体系前沿领域和前沿技术的挖掘、预见提供方法和工具支撑)。

本章以德尔菲法、知识计量法、专家头脑风暴法为基础,提出定性定量相结合的装备技术预见方法,对装备技术发展预见提供方法和工具支撑。

8.1 技术预见概述

8.1.1 技术预见定义

对于技术预见定义,目前公认的是英国技术预见专家马丁(Ben R. Martin)的观点,就是对未来较长时期内的科学、技术、经济和社会发展进行系统研究,确定具有战略性的研究领域,以及选择那些对经济和社会效益具有最大化贡献的通用技术。此外,经济合作与发展组织(OECD)与亚太经合组织技术预见中心(APEC CTF)也给出了相似的定义。经济合作与发展组织认为,"技术预见是系统研究科学、技术、经济和社会在未来的长期发展状况,以选择那些能给经济和社会带来最大化利益的通用技术。"亚太经合组织技术预见中心认为:"技术预见是系统研究科学、技术、经济、环境和社会在未来的长期发展状况,以选择那些能给经济和社会带来最大化利益的通用技术和战略基础研究领域。"

总的来说,技术预见具有以下 5 个特点:

(1) 它对未来的探索过程必须是系统的;

(2) 预见着眼于远期未来,时间范围一般为 5~30 年;

(3) 预见不仅关注未来科技的推动因素,而且着眼于需求的拉动作用,也就是说,预见既包括对科学技术机会的选择,也包括对经济、社会、安全相关需求的识别;

(4) 预见的主要对象是"通用新技术",即处在竞争前阶段的技术,WTO 规则允许政府对此类技术的研究与开发进行资助;

(5) 技术预见必须关注未来技术可能产生的综合效益,包括社会效益、经济效益、军事效益等,而不仅仅着眼于技术对其中一项的影响。

技术预见是对技术预测的拓展,技术预见与技术预测是两个相似而内涵又不完全相同的技术未来发展研究方法。

技术预见是以较高的置信度对技术的未来发展做出概率性估计,利用理论探寻一种符合当前现实的模型,基于对确立的模式和相关关系的推断做出分析预见;技术预见是随着技术预测的发展和广泛应用,尤其是在国家制定科技计划和政策中的大量应用,由于不同的决策需要而从技术预测中分化出来的,它在目标、规模和方法上与传统的技术预测都有不同。

也可以说技术预测是技术预见的前期工作,它对应于技术预见活动中的"趋势预测"环节,但还没有上升到技术预见理念中的"整体化预测"的高度。相比较而言,技术预见含有更加广泛的内涵,除了要考虑技术自身因素外,还要系统地考虑经济与社会需求、资源与环境制约等诸多因素,它实际上就是要将技术发展路径置身于一个大系统中进行多纬度分析。与技术预测对技术未来发展路径"唯一性"的假设不同,技术预见已经超越了"历史决定论",认为技术的未来发展不仅有多个可能性,而且即使要实现某种可能性也在很大程度上依赖于人们事先的意愿、预期、选择、决策、资源配置力度、配置方式等一系列行为。

"技术预测"和"技术预见"的主要区别在于:

(1) 研究目标不同。"技术预测"是一种预言性工作,主要着眼于准确地预言、推测未来技术的发展动向;"技术预见"则是探索性的,它通过识别、整合不确定性,研究未来可能发生的情况,为决策者提供促进科学、技术、经济、环境和社会协调和可持续发展的决策信息支撑。

(2) 对未来的态度不同。技术预测强调现在的行为要适应未来的发展趋势,是为适应未来提供决策依据;技术预见比技术预测更积极,涉及的不仅仅是推测,更多的是对未来进行"塑造"乃至"创造"。

(3) 研究的范围不同。技术预测研究的是技术本身的发展和市场的拉动;而技术预见则是把整个社会纳入研究范围。

(4) 研究的假设条件不同。技术预测的假设条件是要达到未来的"最佳"状态只有唯一的途径;而技术预见则认为未来存在多种可能性,到底哪一种可能会成为现实,主要取决于我们现在所作出的选择。

8.1.2 技术预见的目标和功能

技术预见的根本目标是选择出那些对未来经济和社会发展有所裨益的科技领域和技术方向。选择这些领域和方向的标准不仅仅包括经济、社会和安全某一方面因素,而是对经济因素、社会因素和军事因素的综合考虑。

技术预见的功能主要包括:①确定战略发展方向,建立广泛的政策指导。②选择优先发展领域,挑选出最符合需要的研究领域,为研发投入部门提供依据。③提供经过分析的预见信息,为近期的科技发展提供背景信息和早期"预警"。④在研究机构以及研究开发活动的资助者、执行者、使用者之间就研究开发活动的方向达成共识。⑤为新的研究方向进行宣传，或促使已有的某个研究领域继续得到重视。⑥在从事预见活动的机构之间进行交流和培训（主要是关于一些新的研究方向），或者在研究机构与研究成果的使用者之间，就那些能满足经济—社会需要的研究开发机会进行交流和探讨。

8.1.3　技术预见的构成要素

技术预见是由内部要素和外部要素构成的一个系统。内在要素一般包括目标和主要任务的设定、技术项目清单的制定、专家系统的构建、指标体系以及支撑方法等；外在要素主要指技术预见的外部环境及影响。

1. 预见目标

技术预见通过采用科学、规范的调查研究方法，综合集成社会各方面专家的创造性智慧，形成战略性智力，对未来较长时期的科学、技术、经济、社会和安全发展进行系统的研究，确定具有战略性的研究领域，选择对经济和社会利益具有重大贡献度的关键技术群，为正确把握国家的技术发展方向奠定基础。从国外技术预见的发展态势来看，技术预见的目标往往是根据当前国家（地区）经济和社会发展的实际需求，结合国家（地区）科技发展远景而设定的，尤其是通过对近中期科技、经济和社会发展进行系统研究，在国家（地区）的一些重要科技领域中确定对经济和社会发展具有重要战略意义的关键技术群。

2. 主要任务

围绕技术预见的总体目标，技术预见的主要任务一般包括以下三方面的内容：

（1）需求分析。从国家（地区）总体战略目标和实际情况出发，确定经济和社会发展对科技的需求及科技发展内外部环境。

（2）未来技术发展调查。选择若干重点技术领域，组织科技、经济和社会各方面专家开展技术发展调查。调查内容包括：各项技术对本国（地区）的重要程度，本国（地区）研发水平及与世界领先国家的差距，发展技术的主要途径（如自主研发、联合开发、技术引进等），技术对经济、社会和军事的作用等。同时，对目前未曾出现过的可能的技术突破进行探索。

（3）关键技术选择。在技术调查的基础上组织专家根据本国实际继续综合研究，有选择性地确定一批关键技术作为技术发展重点。同时，对各领域的重大问题进行研究，提出相关建议。

3. 技术清单

技术清单是一组供咨询调查专家进行评价的技术列表。通常情况下，技术清单是按照预见的技术领域分层次建立。按照技术分类体系的不同，主要有两种：

（1）侧重于技术应用。主要从技术应用领域建立技术清单，把通用基础技术与行业技术结合在一起，分为领域—子领域—技术项目三个层次。领域和子领域既包含通用基础技术,也有行业技术,每个领域由若干个子领域组成。技术项目指具体技术、产品、工艺和过程等多个技术项目构成子领域。

(2)侧重于技术类别。从技术角度考虑,建立相对严格的技术发展谱系,按技术领域—技术类别—技术子类—专项技术四个层次进行划分。

一般而言,技术清单通过文献调查、专家会议调查、收集整理国家现有科技计划项目并参照各国技术预见结果,提出各领域备选技术清单。同时,从高校、科研院所、企业等方面的有关专家中征集技术项目。各技术领域研究组形成初步技术清单后,组织专家对每个专项技术进行论证,通过论证的专项技术统一提交总体组进行最后审定,得到最终的技术清单。

4. 专家网络

专家网络是指参与技术调查的专家群体。专家的选择一般由领域研究组在综合利用现有专家库的基础上,通过专家推荐方式产生。专家网络中专家的职责主要包括在各领域研究组开展需求分析时配合提出部分备选技术项目清单,在技术调查过程中按要求对备选技术进行分析、预见和评价。专家网络的建立应注意以下两点。一是专家结构。各领域选择的专家应具有广泛的代表性,知识结构合理,不仅有技术领域的专家,还应有军事家、企业家、经济学家、管理人员等。二是选择专家的标准。专家应具有战略眼光,能从国家需要高度,科学、客观、公正地提出意见;具有较高水平,熟悉本领域国内外技术发展动态;一般在相关领域具有多年的工作经历;热心参加技术预见工作。

5. 预见方法

技术预见方法是对预见技术未来发展信息的获取与处理方法,主要包括德尔菲调查法、情景分析法、相关树法、趋势外推法、头脑风暴法(专家会议法)、相关矩阵法、层次分析法、关键技术法(专家咨询法)、专利分析法、文献计量法等,这些方法各有优缺点,适用于不同情形的技术预见。

8.1.4 技术预见的基本原则

技术预见原则是技术预见理念的具体表达,对整个预见过程具有指导和约束作用,从而成为技术预见理论和方法论的重要基础。技术预见原则的提出和确定,既要符合技术发展的客观规律,又要结合本国国情,如科技能力和经济实力、社会经济需求和文化背景等。确定技术预见原则时,要尽量掌握和了解国家或部门近期和中长期的发展战略和目标,要认真分析国家经济和科技发展水平,国家或部门的经济、科技等能力;要掌握和预测国际政治、经济和科技格局与发展态势,力争从目标、需求、国情或环境出发,多角度、多侧面地考虑带有方向性的因素,从而形成具有本国特色的指导原则。

(1)需求性原则。技术预见不仅要考虑技术自身内在的发展动力,同时还要考虑未来经济、社会和安全对它提出的需求。特别是当前的大科学时代,科技的发展需要巨大的人力、物力投入。

（2）全面性原则。技术预见应该基本覆盖所有的技术领域或方向，或某个领域的所有技术方向，而不是某几个技术方向。

（3）可评价性原则。不同技术项目的重要性应该得到评估，并能够按照一定的标准进行排序。

（4）可预见性原则。对具体的研究和开发项目进行预见应包含两个重要内容：预见性要素和标准化要素。预见性要素是专家对该技术项目的期望值，标准化要素是该项目的确定目标以及能够实现的时间范围。

8.1.5　主要技术预见方法

迄今为此，技术预见的方法多种多样，不同的国家在从事技术预见工作时会选择不同的技术预见方法或若干方法进行组合。技术预见方法近年来已经发生了很大的变化，总的趋势表现为：一是各种预见方法越来越多，并且应用的范围越来越广；二是预见方法的综合化和融合化明显，技术预见很少再采用单一的方法，通常是各种方法的组合；三是技术预见活动与各种规划结合日益紧密。下面对德尔菲法、文献计量法、情景分析法、趋势外推法和头脑风暴法等主要技术预见方法从定义、优点和主要流程等方面进行详细分析。

1. 德尔菲法

德尔菲法又称专家规定程序调查法，主要是由调查者拟定调查表，按照既定程序，以函件的方式分别向专家征询调查，专家以匿名的方式交流意见，经过几次的征询和反馈，专家的意见将会逐步趋于集中，最后获得具有很高准确率的集体判断结果。

德尔菲法的主要优点是匿名性和反馈性。匿名性是指采用这种方法时，所有专家不直接见面，只通过函件交流，这可以消除权威专家对其他专家的影响。反馈性是指该方法需要经过 2～4 个轮回进行信息反馈，在每次反馈中使调查组和专家都可以进行深入研究，使得最终结果基本能够反映专家的基本想法和对信息的认识，所以结果较为客观、可信。

基于不同的应用目标，现在德尔菲法已演变成许多不同类型，最常用的是有大量专家参与的大规模德尔菲调查法。

德尔菲法主要包括四个步骤：

第一步：成立技术预测专家委员会，并按领域分成领域专家委员会，确定目标、任务和评价依据，采取各种方法拟定备选技术项目清单。

第二步：专家委员会根据技术预见指标体系设计原则，设计技术问卷调查表，与技术项目清单结合，征询专家意见。专家完成问卷后，采用多种方法对专家意见进行处理，并根据专家意见对备选技术项目清单进行调整。

第三步：专家委员会将问卷调查表和第一轮调查处理后的结果再一次发给调查专家进行问卷调查，并对专家返回结果进行处理。

第四步:对于调查结果,组织高层专家进行审核和论证,形成最后结果。

2. 文献计量法

文献计量法是运用数学、统计学等方法对一定时期内发表的研究成果进行统计分析,体现科学技术发展状况、特点和趋势的一种定量分析方法,具有客观、量化、系统、直观的优点。

(1)客观性。用事实和数据说话,是文献计量法客观性的主要体现。其对象是文献,其结果是依赖于实体形态的科学论文而产生的,而不是凭空分析对象背后可能的含义。

(2)量化性。文献计量法通过将文献特征表示成一些数量指标来进行统计和推测,涉及某些定量化过程。以几个经验定律为核心,直接对一个个的文献外部特征等予以计数,所使用的数学模型略微复杂。

(3)系统性。一般而言,文献计量对象是大量的、系统化的、具有一定历史性的文献(系统化调查取样是进行数据统计的基本前提,必须有足够的数据来克服可能出现的随机偏差)大量文献的综合可克服少量文献可能带来的随机偏差。

(4)直观性。最后用直观的数据或图表来表述分析结果,看起来一目了然。

但文献计量法的任何实际应用都必须要有一定的资料支持,必须建立系统化、规范化的资料来源工具和原始资料的获取渠道。根据计量对象的不同,文献计量法分为词频分析法、引文分析法、共引分析法和专利引文分析法等。

词频分析法利用能够揭示或表达文献核心内容的关键词或主题词在某一研究领域文献中出现的频次高低来确定该领域研究热点和发展动向。由于一篇文献的关键词或主题词是文章核心内容的浓缩和提炼,因此,如果某一关键词或主题词在其所在领域的文献中反复出现,则可反映出该关键词或主题词所表征的研究主题是该领域的研究热点。

引文分析法利用各种数学及统计学的方法和比较、归纳、抽象、概括等逻辑方法,对科学期刊、论文、著者等各种分析对象的引用与被引用现象进行分析,揭示其数量特征和内在规律,预测、评价科学发展趋势。科学学的研究反复表明,科学知识具有明显的累积性、继承性:任何新的学科或新的技术,都是在原有学科或技术的基础上分化、衍生出来的,都是对原有学科或技术的发展。因此,任何一项科学研究,都必须在前人成果的基础上,吸取他人的经验来进行。这样,作为科学知识记录和科研成果反映的科学文献也必然是相互联系的。在创作科学论文时,作者不可避免地要引用其他有关的文献,梳理文献之间的引用关系,就可以梳理出文献之间的关系。

共引分析法是指以具有一定学科代表性的文献为分析对象,统计两两分析对象之间的共引强度,并以此作为分析对象之间相关程度的反映,并以此来分析对象之间错综复杂的关系,以及它们所代表的学科专业的结构和特点。经常一起被引用的文献,则表示其在研究主题的概念、理论或方法是相关的。为此,共引分析认为文献(作者)共引的次数越多,他们之间的关系就越密切,"距离"也就越近。利用现代的多元统计技术如因子分析、聚类分析和多维尺度分析等,则可以按这种"距离"将一个学科内的重要文献加以分类,从而鉴别学科内的科学共同体或无形学院。绘制"科学知识图谱",使之可视化。同传统的学者个人归纳、访谈调查等主观分类方法相比,共引分析法最大的优势是它的客观性、分类原则的科学性和数据的有效性。

专利引文分析法利用各种数学及统计学的方法和比较、归纳、抽象、概括等逻辑方法,采用计算机数据处理技术,将专利对其他专利、科学期刊、论文、著作、会议记录等各种分析对象的引用现象进行分析研究,揭示其数量特征和内在规律,达到评价、预测科学和技术发展趋势以及两者之间关系的目的。专利引文法的基本思想是:当一个早期的专利或科学论文被后来的许多专利引用时,则表明该成果具有很大的先进性和重要性。

3. 情景分析法

情景分析法一般是从现在的情况出发,对预测对象的未来发展作出种种设想或设计出它将来发展的可能性,像电影脚本的形式一样进行综合描述。这种方法以各种特定的预测结果为前提,再把可能出现的偶然变化因素考虑进去,从而描述可能性较高的未来情景。情景分析法不是只描绘出一种发展途径,而是把各种可能的发展途径用彼此交替的形式进行描绘,因而是一种直观的定性预见方法。

情景分析法的主要优点,是能够对未来前途作出长期的和多种可能性的描绘,而且能够强调出其中的特征性现象,同时考虑心理、社会、经济、政治等方面的状况,于全面理解它们之间的互相联系,并有助于拟订解决问题的具体方案。

情景分析法一般可分为以下四个阶段:第一,明确将要作出的判定,收集信息并向个人头脑中形成的固有观念挑战;第二,进行详细分析,确定社会、技术、环境、经济和政治驱动力量,确定先决要素和必然因素,确定影响未来趋势的整体情景;第三,构建 3~4 个场景,分析其发展状况,进一步描述未来变化的整体情景;第四,为跟踪监测计划目标确定最主要的参数,包括影响决策的因素、外在驱动力量、情景内容的主体架构、情景内容选择、核心研究领域及其贡献度的认定和排序等。

4. 趋势外推法

趋势外推法又称"历史资料延伸预测法",它是根据科学技术发展过程中出现的质变与量变两种状态以及它们相互转化的规律,预测科技前景的一种方法。这种方法通过比较简单的数学运算,从时间和数量上估计未来科学技术发展的概况。常用的有简单时序曲线外推法、生长曲线趋势外推法和包络曲线趋势外推法等。

趋势外推法的工作过程主要有五步:第一,根据预测的要求确定某一技术的特征参数;第二,收集该技术发展的历史数据;第三,根据历史数据画出散点图;第四,利用各种方法拟合出需要的曲线;第五,顺着上述曲线的趋势延伸至需要预测的年代,然后查出对应的数值。

5. 头脑风暴法

头脑风暴法又称"专家会议法",是通过一组专家共同开会讨论,进行信息交流和互相启发,从而诱发专家们发挥创造性思维,促进他们产生"思维共振",以达到互相补充,并产生"组合效应"的预见方法。它既可以获取所要预见事件的未来信息,也可以弄清问题,形成方案,搞清影响,特别是一些交叉事件的互相影响。

头脑风暴法有创业头脑风暴法和质疑头脑风暴法两种。创业头脑风暴法就是组织专家对所要解决问题发表意见,与会专家各抒己见,自由发表意见,集思广益,提出所要解决问题的具体方案。质疑头脑风暴法就是对已制定的某种计划方案或工作文件,召开专家会议,由专家评判已提出的方案中不合理或不科学的部分,补充不具体或不全面的部分,使报告或计划趋于完善。如美国国防部就曾邀请50名专家就美国制定的长远科技规划文件进行了两周的头脑风暴会议,由专家提出非议,进行质疑,最后形成协调一致的报告。该报告只保留原报告的25%,修改了75%,可见这种方法的应用价值。

头脑风暴法的优点是获取的信息量大,考虑的预测因素多,提供的方案比较全面和广泛。主要缺点是:易受权威的影响,容易随大流,不利于充分发表意见;易受表达能力的影响,高明而且有创造性的意见,会因表达能力欠佳而影响效果;易受社会心理因素影响,对于不同甚至批评性意见,往往不能真正讨论,形成共识。

8.2 国内外技术预见应用概况

认识到技术预见在确定技术发展方向和重点,制定技术发展规划等方面的巨大作用,日本、美国、德国、英国等都多次开展及技术预见活动,并取得较好成绩。国内相关部门也开展多种类型的技术预见。

8.2.1 日本技术预见

从1971年开始,日本每5年进行一次技术预见调查,目前共完成了9次(表8.1)。2010年3月,日本文部科学省科学技术政策研究所发布了日本的第9次技术预见调查报告。在整个过程中,2800多名科学家、技术人员就832个重大科技项目在今后40年普及和应用时间进行了预见。经过多年来的不断发展和完善,日本的技术预见已经成为一种比较成熟、规范和值得效仿的基础调查工作方式。其预见结果不仅广泛应用于政府制定科技发展战略和计划之中,而且为企业、高校和研究机构提供了未来科技发展的全面信息。

表8.1 日本9次技术预见概况

	调查时间	技术领域数	课题数	预见时间	有效问卷
第一次	1970—1971	5	644	1971—2000	2482
第二次	1976	7	656	1976—2005	1316

	调查时间	技术领域数	课题数	预见时间	有效问卷
第三次	1981—1982	13	800	1981—2010	1727
第四次	1986	17	1071	1986—2015	2007
第五次	1991	16	1149	1991—2020	2385
第六次	1996	14	1072	1996—2025	3586
第七次	2001	17	1065	2001—2030	3206
第八次	2005	13	858	2005—2035	2239
第九次	2009—2010	12	832	2011—2040	2900

日本的技术预见主要采用德尔菲调查法,通过问卷调查结果分析对未来30年的技术发展进行预见。第8次技术预见除使用德尔菲调查法外,还新增加了社会经济需求调查、基于文献计量分析方法的快速发展研究领域调查以及基于专家对重要研究领域评价的情景分析调查等三种调查方法。

8.2.2 美国技术预见

美国国会早在1976年就成立了"国会未来研究所",对科技、经济、社会发展等方面的问题进行预见。美国总统办公厅科技政策办公室于1990年成立"国家关键技术委员会",从1991年开始向总统和国会提交双年度的《美国国家关键技术报告》。国家科学基金会每5年进行"科学技术五年展望",定期向国会报告。联邦政府的许多部门也对预见工作十分重视,如国防部根据现代战争特点,每年拨专款进行研究。此外,兰德公司、华盛顿大学等一些民间机构也开展了许多科技前瞻研究。华盛顿大学在20世纪90年代初开展的对21世纪前30年的技术预见,综合采用了实际调查、趋势分析、德尔菲调查等方法。实际调查法就是通过调查各种资料,广泛访问学者和企业家,鉴别正在涌现的新技术。趋势分析法就是在确定的技术领域内,挑选5~10个最具战略意义的重大技术进行发展趋势研究。这两种方法的目的在于确定新技术项目。德尔菲调查法主要用于对技术发展趋势进行预见。美国科技信息研究所(ISI)曾利用共引分析进行科学前沿可视化研究,定期以热点问题、研究前沿等形式对分析结果进行跟踪报道。通过识别5年内多学科中引用率最高的文献,用共引强度来确定研究前沿的共引文献集,将关系紧密的文献聚类,在此基础上构建研究前沿知识图谱,进行学科跟踪、趋势预测。

8.2.3 德国技术预见

德国先后进行了多次技术预见活动,对未来30年的科学技术走向及社会经济发展趋势进行了广泛的调查研究,提出德国今后一段时期内所应重点关注的重点技术领域,为政府有关部门和企业提供决策依据。德国的技术预见活动均由联邦教育与研究部主持,具体的活动组织由弗朗霍夫系统与创新研究所负责。

德国进行的首次技术预见是 1992 年与日本联合进行的,第 2 次调查于 1998 年完成,共有 2000 多位来自企业、管理层、高校和研究机构的专家参与调查,涉及 12 个技术领域的 1000 多项技术。2001 年,德国发起了 FUTUR 计划,旨在通过社会各界的广泛对话来识别未来科学技术研究的优先领域。FUTUR 计划改变了传统的技术预见模式,在不抛弃德尔菲调查法的前提下,很好地运用了情景分析法,实现了情景分析、课题研究和专题研究的结合。FUTUR 预见过程分为三个阶段,第一阶段提出未来技术清单和社会经济需求等问题,并按领域选择专家,以组成协作网络;第二阶段采用德尔菲调查、专题讨论会等方法,对技术潜力作出客观评价和主观判断;第三阶段对调查结果进行讨论并加以落实。

8.2.4 英国技术预见

英国工业界在 20 世纪 60 年代末就率先实施技术前瞻研究,1993 年英国政府发表了《实现我们的潜能—科学、工程和技术战略》科技白皮书,首次提出国家技术前瞻研究计划,以拉近科学界和产业界的距离,把握技术发展趋势,寻找潜在的市场机会。1994 年,英国采用以德尔菲为主的方法对 16 个行业未来 10～20 年内的发展趋势进行全面评价和分析。1999 年,英国启动了第 2 次技术预见,并将工作重点转移到"实现技术和社会经济的全面整合"。考虑到距第一次德尔菲调查时间间隔还不到 5 年,对未来发展总体趋势的认识不会有很大的改变。因此,第二次预见没有组织初期调查,而是主要运用专家讨论、情景分析法,由各专家小组召集专家座谈会等形式,通过创造性地利用知识库(Knowledge Pool)和联合行动计划来广泛征求各行业专家以及社会各界人士的意见,进而得出后续调查所需的课题,紧接着进行专家咨询和问卷调查,进而得出后续调查的技术课题。

8.2.5 我国技术预见应用概况

我国对技术预见工作也高度重视,国家科技部、中国科学院对技术预见的理论、方法和应用框架从不同的角度进行了尝试和探索,开展了多次技术预见工作。

1. 科技部技术预见

科技部是我国较早开展技术预见的单位,1997 年和 2003 年,分别启动了两轮国家层面的技术预见工作。

1997—1999 年,科技部在"国家重点领域技术预测"课题研究中对农业,信息和先进制造 3 个领域的技术进行了预测。预测主要采用专家调查法,主要根据需求原则、效益原则、能力原则和科学原则,通过两轮预测、分析评价以及反复论证,从 208 项备选技术中选择出 128 项国家关键技术。

2003—2006 年,科技部科学技术发展战略研究院承担了国家科技部"国家技术路线图研究",科学梳理了国民经济和社会发展对科技发展的 5 项战略需求,凝练了需要重点完成的 30 项战略任务;在此基础上,对信息、生物、新材料、能源、环境资源、先进制造、农业、人口健康、公共安全等 9 个重点技术领域在 2005—2020 年的技术发展进行预测研究。主要任务包括:经济和社会发展需求分析,未来 15 年我国技术发展研究,关键技术选择。预测方法以德尔菲调查法为主,同时综合运用文献调查、专家会议、国际比较和其他研究方法。在德尔菲调查中,首先设计了备选技术清单,建立了技术预见谱系;通过对每个领域 400 ~ 500 名专家开展技术预见,总共获得 794 项候选技术发展重点(每项技术包括技术描述、发展趋势、现状和差距、发展重点);在技术框架设计上,建立了与战略任务关联的科技领域、国家关键技术、发展重点(重要性指数、研发基础等)。

2. 中科院技术预见

中国科学院于 2003 年启动了"中国未来 20 年技术预见研究"。其主要研究内容包括系统化技术预见方法研究,中国未来 20 年情景构建与科技需求分析、大规模德尔菲调查、政策分析和跟踪监测体系与数据库建设方案设计。在技术预见部分,对"信息、通信与电子技术"、"先进制造技术"、"生物技术与药物技术"、"能源技术"、"化学与化工技术"、"资源与环境技术"、"空间科学与技术"和"材料科学和技术"八个技术领域的技术发展趋势采用大规模德尔菲调查法进行了研究。德尔菲调查法的技术路径如图 8.1 所示。整个调查分为问卷调查表设计、问卷调查和调查数据处理三个阶段。德尔菲调查表主要包括对该技术的 5 大判断:技术的重要性(对促进经济增长的重要程度、对提高人民生活质量的重要程度、对保障国家安全的重要程度)、中国当前发展水平(国际领先、接近国际水平、落后国际水平)、技术的可能性—预计实现时间(2010 年前、2011—2020 年、2020 年后)、技术的可行性—制约因素(技术可能性、商业可能性、法规/政策/标准、人力资源、研发投入、基础设施)、技术合作与竞争对手—目前领先国家。为了区分专家对备选技术的熟悉程度对判断的影响,把专家对技术的熟悉程度分为四级:"很熟悉"的专家是指有深厚研究积累的专业研究人员;"熟悉"的专家是指在同一技术方向开展研究并有一定研究基础的专业技术人员;"较熟悉"的专家曾经阅读或听说过该技术,基本清楚该课题的发展前沿和热点,但不是这方面的专家;"不熟悉"的专家指根本不了解技术的其他人员。在调查结果的统计、分析阶段,对单因素重要程度指数,三因素综合重要程度指数,技术预计实现时间,技术实现可能性指数,技术我国目前研究开发水平指数,专家认同度等指标进行了计算。

3. 上海市技术预见

2001 年 1 月,上海市科委启动《"十五"上海科技重点领域技术预见工作研究》计划,由上海市科委领导,上海市科学学研究所具体承担,主要围绕信息技术、生物制药、材料、制造与自动化、环境保护、现代农业、能源、交通等八大领域开展工作,目的是认识当前世界新科技革命孕育的重大技术机遇和我国加入 WTO 后带来的

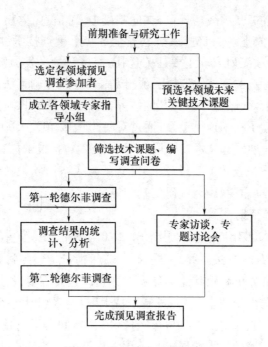

图 8.1　德尔菲调查技术路径

国际压力和动力,从更高的层次、更广的范围、更远的将来对上海科技发展进行战略部署,推动上海尽快成为国际技术创新中心城市,实现上海科技跨越式发展战略目标。2009 年 10 月出版了《上海科技发展重点领域技术预见报告》,该报告在传统技术预见模式基础上运用技术路线图、专利地图技术预见新模式,形成了技术预见综合报告和信息技术、生物技术、新材料与先进制造技术、社会发展技术四个领域研究报告。

4. 北京市技术预见

北京市技术预见 2001 年 7 月启动,主要采用德尔菲调查、专家会议和政策分析方法,在对信息、材料两大技术领域进行预见调查的基础上,探讨未来 20 年内技术发展趋势及其影响因素,提出中国应该优先发展的战略技术课题和相关政策措施,并结合北京市社会经济发展战略需求,提出北京市优先发展的战略技术课题以及相应政策措施。课题组首先通过文献调研、网上搜索等手段,掌握了中国信息、材料两大技术领域一批权威专家的信息,通过对这些专家发函,请他们再提名其他有资格参加技术预见的专家。由于是初次开展预见,专家缺乏对技术预见内涵的基本认识,没有前瞻远期未来的初步准备和积累,难以在短期内提出合适的技术课题,主要参照其他国家最新预见结果来酝酿技术课题。

118

8.3　装备技术综合集成技术预见的总体框架

8.3.1　综合集成技术预见的总体思路

技术预见是基于技术发展现状,对技术未来发展的预判。技术的发展受技术自身发展规律、相关科技发展、社会经济发展等因素的综合影响,具有较大的不确定性,任何专家都难以全面、深入考虑这些因素的影响,对技术的未来发展进行准确的预见。综合大量专家的集体智慧,可消除单个专家可能出现的偏差,是对技术未来发展进行科学预见的必然途径。获取专家的智慧可分为间接和直接两种方法。间接方法通过对大量专家撰写的反映专家观点的论文进行综合分析,集成大量专家对科技发展的观点,预见科技未来发展。如对专家发表论文进行计量分析、梳理出专家对某一科技问题看法的知识计量法。直接方法就是针对选定的科技问题对专家进行问卷调查或组织专家进行研讨,直接获取专家的观点,据此预测其未来发展。如通过多轮问卷调查获取专家意见的德尔菲调查法和通过专家集中研讨获取专家意见的专家研讨法等。两种方法各具特色,具有良好的互补性。间接方法适用于处于起步阶段、研究专家较少、尚未形成体系的前沿技术的预见。直接方法适用于发展比较成熟、研究专家多、已形成稳定技术体系的技术领域的预见。装备技术既包括成熟的关键技术领域,也包括处于起步阶段的前沿技术领域,对其发展进行预见且采用直接、间接方法相结合的综合集成技术预见方法。综合集成技术预见方法的基本思路是将装备技术分为关键技术和前沿技术两类,对关键技术采用基于德尔菲调查的技术预见方法,对前沿技术采用基于知识计量的技术预见方法,并结合文献资料法、专家研讨法、滚动修改法等其他研究方法,对装备技术的未来发展进行预测。基于德尔菲调查的关键技术预见方法分为以下四部分。首先,综合文献计量法、文献资料法、专家提名法、滚动修改法,提出定性定量相结合的技术预见领域和技术清单确定方法;其次,建立科学、合理、可操作性强的德尔菲调查指标体系设计方法及调查问卷设计方法;再次,综合集成单位推荐、资料分析、专家提名、知识计量与社会网络分析等专家获取方法,以及根据专家属性计算专家分值的方法,提出定量专家选择方法;最后,针对德尔菲调查问卷的不同指标,提出专家标准化方法、最大值法、单因素指数法、平方和加权法、比例法等定性定量相结合的德尔菲调查数据处理方法。基于知识计量的前沿技术预见方法主要采用文献计量和共词聚类分析对选定前沿技术领域的文献进行分析,预测其未来发展。综合集成技术预见方法的具体思路如图8.2所示。

8.3.2　综合集成技术预见的组织结构

在技术预见中,建立有效的组织系统是技术预见工作顺利进行的基础,技术预见组织机构的核心是负责技术预见理论方法研究与实施、领域报告和总报告撰写

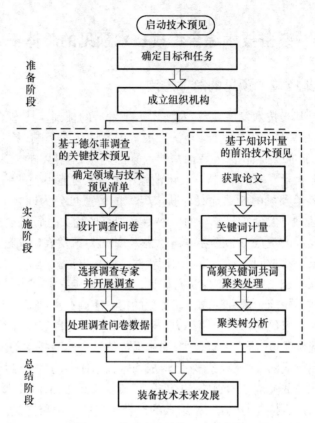

图 8.2　技术预见总体思路示意图

的技术预见研究组(包括总体研究组和领域研究组),以及对其进行总体指导的研究指导组,参与技术预见调查与研讨的技术预见咨询调查专家组(包括领域咨询专家组和调查专家组),三者之间的关系如图 8.3 所示。研究指导组和技术预见研究组在技术预见的初期成立,各领域的咨询调查专家系统在确定技术预见领域后由领域研究组按照一定的原则选择各领域专家组成。

1. 研究指导组

由军队制定科技计划的主管官员和来自军内外军事、科技、管理、企业等领域的知名专家组成,其主要职责是从军队整体发展战略和需求的角度指导预见工作;审定技术预见方案;审查领域技术预见报告和总技术预见报告等。

2. 技术预见研究组

技术预见研究组主要对技术预见进行系统研究,并承担技术预见理论及方法研究,技术预见的组织实施,技术预见数据处理,技术预见领域报告和总报告撰写等工作,进一步分为总体研究组和领域研究组。

1)总体研究组

总体研究组由承担技术预见工作的机构与主管部门共同组织相关领域知名专

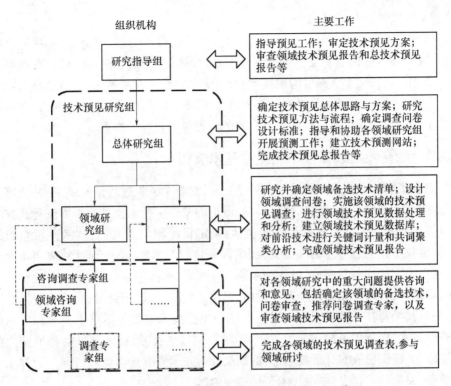

图 8.3 技术预见组织结构示意图

家学者、研究人员和各领域研究组组长组成,负责组织、实施技术预见调查和协调各方面的工作。其主要职责是:确定技术预见总体思路与方案;研究技术预见方法与流程;确定调查问卷设计标准并设计问卷调查;指导和协助各领域研究组开展预见工作;确定技术预见领域;成立领域研究组;完成技术预见总报告等。

2)领域研究组

领域研究组由相关技术领域的研究人员及专家组成,按照总体研究组的总体设计、调查方法、实施方案开展各领域的技术预见工作,主要是完成各自领域技术预见调查工作,完成领域研究报告等。其具体职责是:研究并确定领域备选技术清单;按照总体研究组的统一要求、结合各领域需要设计领域调查问卷;实施领域技术预见调查;进行领域调查数据的处理和分析;建立领域技术预见数据库;对前沿技术领域进行关键词计量和共词聚类分析;完成领域技术预见报告等。

3. 咨询调查专家组

1)领域咨询专家组

由来自军队、科研院所、企业、科研管理部门的知名专家组成,人数一般为 10 人左右,且各方面的人员应占一定比例。其主要职责是对各领域研究中的重大问题提供咨询和意见,包括确定该领域的备选技术、问卷审查,推荐问卷调查专家,以及审查领域技术预见报告等。

2）领域调查专家组

领域调查专家组由来自军队、企业、高校、研究机构的技术、管理、应用专家组成，完成各领域的德尔菲技术预见调查表。领域调查专家组的专家应具有战略发展眼光，能从国家、军队高度考虑技术发展；应具有专业权威性，一般需要具有本专业十年以上的工作经历，且具有较高的学术声誉。每个领域的咨询专家人数一般为几十人，且军队、企业、高校、研究机构的专家应占合理的比重。

8.3.3 综合集成装备技术预见的基本流程

综合集成装备技术预见是一个复杂过程，对整个预见过程精心组织，并按照工作程序组织实施，是保证技术预见科学、可信的基础。技术预见的主要流程及核心关键技术如图 8.4 所示。主要流程包括：确定目标和任务，建立技术预见组织结构，确定技术预见总体思路和方案，制定预见流程与框架，确定预见领域和技术清单，建立研究机构与专家库，设计德尔菲调查问卷，选择德尔菲调查专家，开展德尔菲问卷调查，处理德尔菲问卷调查数据，构建论文库，关键词计量，高频关键词共词聚类分析，撰写技术预见报告。对应的核心关键技术主要包括技术领域和方向清单遴选技术、指标体系构建技术、技术预见专家选择技术、技术预见数据处理与修正技术、关键词提取与计量技术、共词聚类处理技术等。这些流程可划分为技术预见准备、关键技术预见、前沿技术预见三个阶段。

1. 技术预见准备

装备技术预见准备阶段主要完成装备技术预见的前期准备工作，包括确定技术预见的目标和任务，建立开展技术预见的组织机构，确定总体思路和方案等。

1）确定目标和任务

国防科技管理部门根据军事需求，国防科技管理与发展需要，确定技术预见的目标和任务。

2）建立组织机构

国防科技管理部门建立技术预见的组织机构。首先，成立由军队制定科技计划的主管官员和来自军内外知名专家组成的研究指导组；其次，在研究指导组的指导下，国防科技管理部门成立由专家学者、研究人员和各领域研究组组长组成总体研究组；再次，在总体研究组的指导下，总体研究组组织成立由相关领域的研究人员及专家组成的领域研究组；最后，领域研究组在总体研究组的指导下，成立领域咨询专家组。

3）确定总体思路和方案

总体研究组在研究指导组的指导下，根据技术预见的目标和任务，技术预见常用方法的比较研究，确定技术预见的总体思路和方案。

4）制定流程和方法

总体研究组在研究指导组的指导下，根据确定的技术预见总体思路，制定技术

122

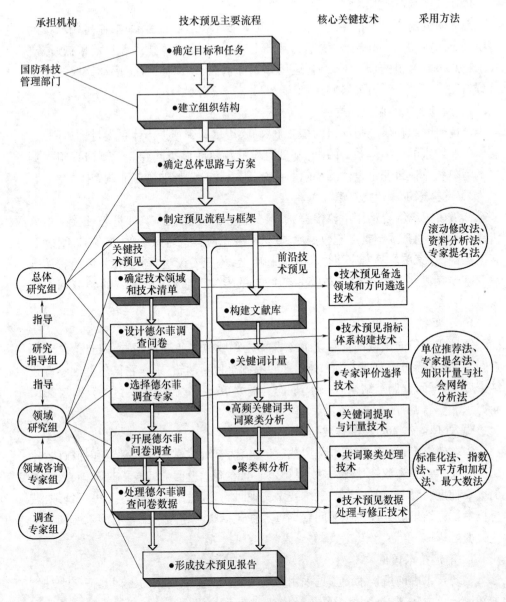

| 承担机构 | 技术预见主要流程 | 核心关键技术 | 采用方法 |

图 8.4　技术预见的主要流程

预见的流程,确定每步流程的承担者、主要工作、应达到的目标,每步拟采用的技术方法等。

2. 关键技术预见

装备技术中关键技术的预见采用基于德尔菲调查法的技术预见方法,整个流程主要包括确定领域和技术清单、设计调查问卷、选择调查专家、开展问卷调查、处理问卷调查等。

1）确定领域和技术清单

总体研究组在研究指导组的指导下,确定技术预见的技术领域,制定领域技术清单确定原则,并在领域技术清单的基础上,汇总形成总体技术预见清单;领域研究组在总体研究组的指导下,综合运用知识计量法、专家提名法、滚动修改法和资料分析法等多种方法,提出领域技术清单。

2）设计德尔菲调查问卷

总体研究组在研究指导组的指导下,确立德尔菲调查指标体系设计的原则,建立德尔菲调查的指标体系,并在此基础上设计德尔菲调查问卷。领域研究组根据技术清单和总体研究组设计的德尔菲调查问卷,设计领域的德尔菲调查问卷。

3）选择德尔菲调查专家

领域研究组综合运用单位推荐、资料分析、专家提名、知识计量与社会网络分析等方法,得到领域调查专家数据库,专家库专家应具备专家职称、专家技术任职、专家类别、专家单位等专家属性。在此基础上,构造专家选择模型,并运用它从领域调查专家数据库中选出参与德尔菲调查的专家,组成各个领域的领域调查专家组。

4）开展德尔菲问卷调查

领域研究组向领域调查专家组专家发放领域德尔菲调查问卷,回收德尔菲调查问卷,并进行初步整理。整个德尔菲问卷调查包括两轮,第一轮德尔菲问卷调查结束后,根据问卷调查结果对技术清单、指标体系和调查专家进行调整,开展第二轮德尔菲问卷调查。

5）处理德尔菲问卷调查数据

领域研究组运用专家标准化方法、最大值法、单因素指数法、平方和加权法、比例法等德尔菲问卷调查处理方法,对德尔菲问卷调查返回的问卷进行处理,对技术的重要程度、我国与国外差距、我国技术实现时间、预见结果可信性等进行处理,获得技术调查结果。处理德尔菲问卷调查数据包括第一轮和第二轮的德尔菲问卷调查数据处理。

3. 前沿技术预见

装备技术中前沿技术的预见采用基于关键词计量和高频关键词共词聚类分析的知识计量方法,整个过程主要包括构建文献库、关键词计量、高频关键词共词聚类处理、聚类树分析、预测技术未来发展等。

1）构建文献库

领域研究组根据选定的前沿技术领域,在权威文献数据库中遴选出相关的论文,构成下一步计量处理的文献库。论文数据库的可靠性、权威性直接影响技术预见结果的可信度,所以必须选取国内外公认的权威数据库。一般选用美国科学技术信息情报所(ISI)的科学引文索引(SCI)数据库(英文文献数据),以及国内的CNKI数据库(中文文献数据)作为知识计量分析的论文数据源。

2）关键词计量

领域研究组以前面构建的文献库为对象,提取出所有的关键词,统计所有关键词在文献库中出现的次数。具体来说就是从前一步构建文献库的关键词列表中提取出所有关键词,并统计各个关键词出现的次数,并将关键词按照出现频次的大小由高到低进行排序,得到关键词词频排序表。

3）高频关键词共词聚类处理

领域研究组以前面提取的高频关键词为对象,根据关键词之间的共现关系对其进行处理,得到高频关键词聚类树。

4）聚类树分析

领域研究组对关键词聚类树进行分析,梳理出对应前沿技术领域的初步技术体系,与相关研究成果进行对比分析,提出前沿技术领域、方向和重点技术,通过专家研讨,梳理出前沿技术领域的主要研究方向、重点技术,并定义其概念、内涵,构建前沿技术的技术体系。

5）预测技术未来发展

领域研究组综合集成德尔菲问卷调查结果和知识计量分析结果,结合专家研讨,形成装备技术的发展预见报告。

8.4 装备技术综合集成技术预见的关键技术

8.4.1 领域和技术清单确定方法

技术预见领域和技术清单是一组供咨询专家进行发展预见的技术领域和技术方向的分层次列表。建立合理、科学的领域和技术清单是对装备技术发展进行预见的基础,其质量与科学性直接决定技术预见的质量。由于技术领域比较固定,各国在每个技术领域都有所涉足,不同国家技术预见的技术领域趋同。但由于各国的技术分类体系不尽相同,且各国的技术发展重点和发展方向都不尽相同,不同国家技术预见的技术清单存在较大差异。根据技术的特性,技术的分类可以从两个方面来考虑:

（1）按技术的类别进行分类。技术是客观存在的系统,必然有客观的构成形态,形成技术类别或技术领域。如生物技术、材料技术等。

（2）按技术应用领域进行分类。技术是为了实现人们的某种目标而产生和存在的,必然受到应用目标存在状况的制约形成相应的技术领域。如农业技术、采矿技术等。

与之相对应,目前常用的技术领域清单也主要有两种:

一是从技术发展谱系建立技术清单。以美国为代表的关键技术研究主要从技术角度考虑,建立了相对严格的技术发展谱系,按"技术领域→技术类别→技术子类→专项技术"四个层次进行划分。这样做的好处是每项技术的发展谱系比较清楚,强调对技术的研究,在技术应用领域(或应用部门)之间建立了一定的关联,便于分工和合作交流。

二是从技术应用领域建立技术清单。以日本为代表的技术预测,主要是把通用基础技术与行业技术结合在一起。分三个层次:应用领域→应用子领域→技术项目(技术清单)。这样做的好处是每个技术的应用领域(或应用部门)很容易找到各种领域的重点,强调了技术的应用属性。

1. 领域和技术清单确定的原则

技术预见清单的技术条目应该是在军事上有潜在应用价值,在未来一段时间能够得到发展的技术,并满足技术体系的基本规范。为满足以上要求,技术清单的确定应注重以下原则:

——军事性:装备技术预见的目的是遴选未来在军事领域会产生重要影响的技术群,因此选择的技术应具有明显或潜在的军事应用前景,明显没有军事应用价值的技术条目不应该出现在装备技术预见的领域和技术清单中。

——重要性:装备技术预见是探索有可能产生最大军事、经济和社会效益的战略研究领域和通用新技术。因此,技术条目的遴选必须坚持重要性原则,分析、判断、选择未来最重要的技术。重要性是技术重要程度的具体体现,包括对未来武器装备发展影响、对未来经济社会发展影响的重要程度等。值得指出的是,技术重要程度高低取决于判断者的价值观和德尔菲调查目的。不同的价值观导致不同的战略选择。如果追求未来经济增长,那么"促进经济增长"就是选择最重要技术课题的首选标准;如果追求国家安全,则能否"保障国家安全"就是选择最重要技术的首选标准。

——前瞻性:技术预见是对技术长期发展的探索活动,研究的是未来的技术可能性。因此,技术遴选必须坚持前瞻性原则,在识别长远未来技术可能性和武器装备建设和国家发展对技术需求的基础之上,分析、判断、选择解决未来武器装备发展面临的关键问题。技术的当前发展阶段和预计实现时间是衡量技术课题前瞻性的两个重要标准。

——完备性:坚持完备性原则就是在遴选备选技术课题时要尽可能保证无重大技术遗漏。任何重大技术条目的遗漏都必然降低德尔菲调查结果的权威性。

——一致性:一致性原则是指遴选技术条目时要尽可能保证同一领域技术在同一层次之上。实践中,很难用统一的标准来衡量技术条目是否在同一层次之上,主要是依靠领域专家和子领域专家的判断。一般来说,可以从技术条目研究开发内容、研究开发成果对社会的影响等方面来衡量技术条目是否在同一层次之上。遴选重要的技术条目,必须"分大合小",拆分过大的技术条目或合并较小技术条目,合理解决技术条目层次不一问题。

——唯一性:唯一性是指每一个技术条目在技术清单中都是唯一的,包括技术条目名称的唯一性和技术内涵的唯一性,即在技术清单中既不能存在名称相同的技术条目,也不能存在多个技术内涵完全相同的技术条目。

2. 领域和技术清单确定的总体思路

技术预见领域和技术清单确定的基本思路是领域研究组依据技术清单确定原则,综合运用专家提名法、滚动修改法、文献计量法和资料分析法等多种方法,分别提出技术预见的领域和技术清单,并组织领域咨询专家组根据技术清单确定原则对初步清单进行研讨,进行调整、完善,形成领域技术清单,总体研究组在此基础上组织军事、技术专家对领域技术清单进行汇总、调整,得到最终的领域和技术清单(图8.5)。

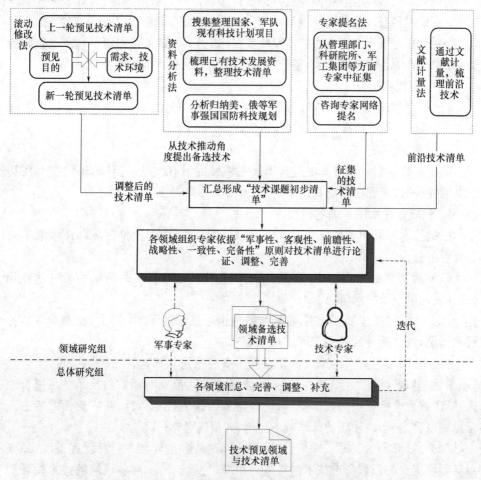

图8.5　技术预见领域和技术清单确定总体思路

3. 综合集成的领域和技术清单确定方法

技术清单的遴选采用综合集成的方法,采用滚动修改法、资料分析法、专家提名法和文献计量法分别提出技术清单,由领域专家组进行综合集成,得到最终的领域和技术清单。

1）滚动修改法

以以前开展技术预见时的领域和技术清单为基础,根据本次技术预见的目的,军事需求和技术发展的改变做适当的增删调整,获得调整后的新一轮领域和技术清单。滚动修改法应用于相隔较短的时间内曾经开展过技术预见的技术领域。

2）资料分析法

收集、整理国家、军队现有科技计划项目(如"863"计划,攻关计划和基础研究计划等),经挑选、分类后汇总于技术清单之中;开展文献调查、分析和评价,开展技术发展趋势研究,广泛搜集国内外资料,特别是搜集国内外具有前瞻性、将对未来发展产生重大影响的科技发展前沿领域和方向,进行分析、归类和汇总,凝练备选关键技术;分析归纳美俄等军事强国装备技术发展重点(如美国的装备技术清单),从武器装备发展现状和未来发展需求出发,遴选出关键技术,作为技术清单的补充。

3）专家提名法

通过问卷调查或专家研讨,由政府、企业、高校、研究机构的技术专家提出领域和技术条目,依靠专家提出领域和技术清单。

4）文献计量法

在权威科学文献数据库中遴选出某一领域的所有文献,统计出不同技术在其中出现的次数,梳理出领域和技术清单。

4. 领域和技术清单确定流程

根据技术预见领域和技术清单确定的总体思路,技术预见领域和技术清单确定流程可分为以下几步。

（1）运用文献计量法、专家提名法、滚动修改法和资料分析法中的一种或几种,分别提出领域技术清单。

（2）在上述工作的基础上,各领域研究组通过汇总、归纳、合并、整理形成装备技术预见备选"领域和技术课题清单"初稿。

（3）各领域研究组组织技术专家和军事专家进行多次讨论、汇总、审定,依据"军事性、客观性、前瞻性、重要性、一致性、完备性"原则对相关的技术条目进行论证,确认或更改已提出的技术条目,同时增加遗漏的技术条目,并广泛征求各方面意见加以确定,形成领域的备选技术清单,并报送总体研究组。

（4）总体研究组依据"军事性、客观性、前瞻性、重要性、一致性、完备性"原则对各领域提交的领域备选清单进行汇总、完善、补充,对各领域的技术领域和技术清单进行综合权衡,剔出交叉重复的技术条目,形成装备技术预见备选领域和技术清单。

8.4.2 技术调查指标体系设计与调查问卷设计方法

装备技术预见的目标是准确把握技术发展现状,科学预见技术未来发展及军事影响,发现可行的技术发展途径。技术调查指标体系是技术预见目标的具体化,必须能够全面、系统、准确地反映技术预见的目标,必然是一个由众多相互联系的评价指标构成的复杂、完整、科学、系统的体系。因此,技术调查指标体系的设计是一个复杂的过程,需要反复迭代、多轮调整,并且严格遵循和明确贯彻技术调查指标体系设计的思路和原则。

1. 指标体系设计的原则

技术调查指标体系是对技术发展进行全面考察的工作蓝本,它应当在明确的评价目的的指导下,尽可能全面、深入、准确地刻画出技术发展的各个方面,力求使评价科学、公正、合理、有效。所以,在构建技术调查指标体系的过程中,应当遵循以下具体原则。

1)完备性原则

装备技术预见是一个由多层次、多要素构成的复杂系统,涉及到从发展趋势、研究现状、重要意义、发展路径等多种特征要素的集合。这就要求相应的技术预见指标体系要具有足够的涵盖面,尽可能将相关主要要素囊括在内,以系统、全面、真实地反映技术发展的全貌和各个层面的基本特征。但技术预见指标体系又不是各指标的简单堆砌和松散集合,必须根据各指标间的内在逻辑关系进行系统整合与集成,形成一个多层次、分类的指标系统。

2)科学性原则

科学性是指设计的各项指标能够反映装备技术的本质和特点,突出被评价对象的特征;指标的概念要明确,涵义要清晰,尽可能避免或减少主观判断,对难以量化的评标因素应采用定性与定量相结合的方法来设置;指标体系内部各指标之间应协调统一,指标体系的层次和结构应合理。

3)独立性原则

建立多维指标群的突出问题是需要充分考虑各项指标间的相互关系防止不同指标间有交叉、重复。在指标体系中,同一层次的指标应尽量克服概念交叉和范围相交,从而避免重复评价、重复计算,并使数据处理简化。不同层次间的指标实际上是一种包含关系,即上一层次的指标覆盖下一层次的若干指标,而下一层次指标则是对上一层次指标的细化。

4)可比性原则

重点领域和关键技术的选择,在一定程度上取决于选择的比较标准。量化评价指标体系的设计主要是为了进行横向或纵向比较,能够客观真实地反映不同技术的特征,因此所选取的指标应反映评价对象的共性特征,并具有横向和纵向的可比性。

5)可行性原则

可行性是指指标体系应具有较强的可操作性。从理论上讲,可以设计出一个尽可能包容全面的庞大指标群和复杂的指标树构成的指标体系,对备选关键技术做出全方位、立体化、多层次、多视角的评价。但在实际操作中,又必须考虑到评价的可行性和指标数据的可获取性。有些指标虽然很合适,但基础数据无法得到,缺乏可操作性。把这样的指标选入指标体系会给评价工作造成较大困难。

在任何评价中,没有绝对科学合理的指标体系,只有相对合理的指标体系,也没有一个万能通用的指标体系。技术调查指标体系是不断变化和发展的。随着国内外技术发展、国家或部门的需求变化、国际环境等因素的变化,需要对技术调查的指标进行适当调整,以满足不同时期经济、社会和科技发展的需求。

2. 指标体系的构成

技术预见德尔菲调查指标体系体现了开展技术预见调查的目的,决定了调查的成败,针对不同的应用领域和不同的调查目的可设计不同的指标体系。本课题开展技术预见的目的是准确把握技术发展现状,科学预测其未来发展,科学评判其在军事、经济和社会领域的重要作用,并设计其发展途径,以便为未来装备技术的发展提供参考。所以,指标体系的第一层应包含以下几个要点。

(1) 技术发展现状。了解技术当前所处的发展阶段,领先的国家,我国的发展阶段,与领先国家的差距。

(2) 我国未来发展。预测技术发展的发展方向和发展时间节点,以保证长期规划符合技术的未来发展。

(3) 我国发展途径。了解我国发展相关技术的研发成本、制约因素,其目的是借助专家的远见卓识和丰富经验提出技术发展途径和思路,从而能够集成专家的集体智慧,更好地提出技术发展建议。

(4) 技术在军事领域的重要性。了解技术发展对军事的作用,从中选出对军事具有更高价值的技术。装备技术预见首先考虑技术在军事上的价值,在此基础上考虑技术对经济社会发展的推动作用。

(5) 技术的经济社会影响。了解技术发展对经济社会发展的作用和意义,以便从中选出对经济社会发展具有更高价值的技术。

基于上述分析,借鉴日本、英国以及国内相关单位在技术预见德尔菲调查方面的经验,技术预见调查指标体系采用分层模式。

第一层,技术预见的指标体系分为"技术发展现状"、"我国未来发展"、"我国发展途径"、"军事领域影响"、"经济社会发展影响"五个一级指标。

第二层,对第一层的五项指标进行进一步的细化。

"技术发展现状"包含世界发展现状与我国发展现状,进一步分为"世界当前发展状态"、"领先国家"、"我国当前发展状态"、"我国与领先国家比较"等四个二级指标,对当前世界和我国技术发展状态进行判断。

"我国未来发展"对未来一段时间技术在我国的发展进行预见,分为"5 年后预计状态"和"10 年后预计状态"两个二级指标。

"技术发展途径"主要对影响技术发展的外部因素进行分析。影响技术发展的外部因素通常包括发展基础、发展途径、经济可承受性等。创造由于装备技术在国家安全和武器装备发展中的重要作用,主要军事强国普遍对其出口采取限制政策,以保持其在关键技术上的领先优势,保证其强大的技术实力和战略地位。在开展技术预见研究时,"技术受限情况"应作为重要考虑因素。同时,装备技术具有前瞻性、创新性等特征,其发展具有一定风险性,因此我们将"技术发展风险度"引入。综上考虑,"技术发展途径"分为"研发基础"、"技术受限情况"、"经济可行性"、"技术发展风险性"、"研发途径"等五个二级指标。

"技术在军事领域的重要性"分析该技术发展对军事领域的影响,进一步细分为"对新型武器装备研制或现有装备改进的作用","表8.2 中 13 的文字","表8.2 中 14 的文字","表8.2 中 15 的文字","表8.2 中 16 的文字"。

表 8.2　指标对应评价参数

评价指标	意　义	评价参数
1. 世界当前发展状态	2015 年左右世界上该技术的发展水平	①原理探索;②突破技术关键;③原理样机;④工程样机;⑤工程应用
2. 领先国家	处于世界先进水平的主要国家	①美;②俄;③欧;④日;⑤其他
3. 我国当前发展状态	2015 年左右我国在该技术的发展水平	①原理探索;②突破技术关键;③原理样机;④工程样机;⑤工程应用
4. 我国与世界先进水平比较	2015 年左右我国在该技术在世界所处的位置	①领先;②同步;③落后 5～10 年;④落后 10 年以上;⑤不知道
5. 我国 5 年后预计状态	2020 年左右我国在该技术的发展水平	①原理探索;②突破技术关键;③原理样机;④工程样机;⑤工程应用
6. 我国 10 年后预计状态	2025 年左右我国在该技术的发展水平	①原理探索;②突破技术关键;③原理样机;④工程样机;⑤工程应用
7. 研发基础	2015 年左右我国在该技术的研发基础	①好;②较好;③中;④不好
8. 技术引进受限程度	从世界先进国家引进该技术的受限制程度	①高;②较高;③中;④低
9. 研发途径	推动该技术发展的主要途径	①自主;②模仿;③引进;④依托国家
10. 技术风险	我国推进该技术研发面临的风险程度	①高;②较高;③中;④低
11. 经济可行性	我国对推进该技术研发在经费开支上的可承受度	①完全可承受;②基本可承受;③不可承受
12. 对新型武器装备研制或现有装备改进的作用	对我军未来新型武器装备发展或现有武器装备改进的贡献度	①高;②较高;③中;④低
13. 对形成非对称军事能力或提升体系作战能力的作用	针对强敌薄弱环节,按照非对称思路发展的,可能形成新概念武器装备、形成非对称作战能力的贡献度	①高;②较高;③中;④低

评价指标	意义	评价参数
14. 未来五年产生重大突破，具有重大带动作用	未来五年可能产生，带动相关技术发展，以及作战能力提升的贡献度	①高；②较高；③中；④低
15. 有望形成新军事能力的新概念技术	处于国防科技和武器装备发展前沿，有可能形成新型作战能力前沿新兴技术	①高；②较高；③中；④低
16. 解决制约武器装备和国防科技发展的瓶颈技术	突破制约国防科技和武器装备自主发展的薄弱环节和瓶颈技术，缩短差距，支撑国防科技和武器装备持续、稳定和大跨度发展	①高；②较高；③中；④低
17. 对经济发展的影响	该技术发展对经济发展的贡献度	①高；②较高；③中；④低
18. 对社会生活的影响	该技术发展对社会生活的贡献度	①高；②较高；③中；④低

注：
原理探索：对技术的科学原理进行研究阶段；
突破技术关键：攻克了制约技术发展的关键技术；
原理样机：基本解决相关技术，达到了一个具体的技术目标或完成了一项原型设计；
工程样机：相关技术比较成熟，研制成功工程样机；
工程应用：大量应用于武器装备，列装部队

"技术的经济社会影响"主要考虑装备技术发展的经济社会溢出效应，分为"对经济发展的影响"和"对社会生活的影响"两个二级指标。

整个指标体系如图8.6所示。

建立调查指标体系后，应建立各个指标的评价参数。根据评价指标的意义，建立表8.2所示的指标评价参数表。

3. 调查问卷的设计与实现

德尔菲调查问卷是技术预见指标体系的具体化，其设计应考虑以下几点。首先，调查问卷表必须全面、准确、简洁地表达指标体系。其次，德尔菲调查问卷的设计还必须考虑到既要充分获取咨询专家对技术的看法，又要降低咨询专家完成调查表的难度，提升其完成问卷调查的意愿。最后，调查问卷的设计还必须考虑回收后的后续数据处理。所以，德尔菲调查问卷设计坚持"全面、简洁、准确、客观、可行、一致"的原则。

"全面"是指问卷问题要有完整的整体分析框架，从整体上考虑调查问卷中的问题以及问题之间的逻辑性，通常包括技术课题的重要程度、领先国家、开发水平、制约因素、合作对象等问题。

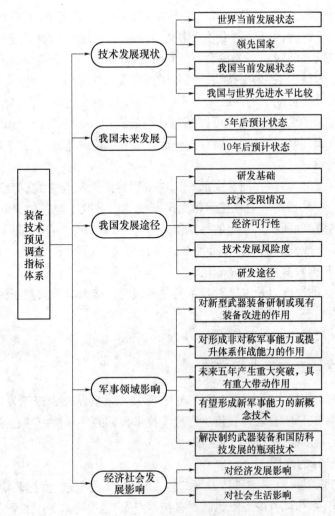

图 8.6　技术预见调查指标体系

　　"简洁"是指问卷应在满足调查需要的情况下选择尽可能少的问题,即采用尽可能少的问题收集到能够满足调查需要的信息,如日本和英国的调查问卷通常不超过 10 个问题。

　　"准确"是指问卷问题必须用词明确,避免专家判断时产生歧义,确保调查质量。

　　"客观"是指问卷问题必须保持中性,避免专家受问卷设计者主观偏好的影响,确保调查客观。

　　"可行"是指问卷问题必须能够保证描述被调查问题并且易于统计。

　　"一致"是指问卷问题应处于同一层次。

　　此外,为了提高问卷调查的质量,提高专家理解的一致性,问卷设计还需注意以下几点。①问卷中要有相应的背景介绍材料,说明调查的目的、意义和方法,还要有指标解释、调查须知及其他事项说明等。指标说明要简单、明确,让专家容易理解和判断。②问卷的设计除了必须用文字表述外,应尽量用数字或符号表述,以节省专家完成问卷的时间。③在设计问卷时,最好给他们一个简短、准确和观点明确的范例。一般情况下,为提高调查问卷回函质量和数量,调查问卷在满足调查需要的情况下选择尽可能少的问题。但考虑装备技术领域的特殊性、参与装备技术研究和调查专家的受限性,认为可以通过适当的组织手段和行政管理来推动调查工作的顺利开展,问卷的设计应该首先确保获得有价值的信息,在此基础上再考虑问题的规模问题。

为便于后续处理,调查问卷大部分选项采用封闭式问卷方式(答案已经确定,由被调查者从中选择答案),在技术领先国家选项中采取了半开放式问卷方式(给出部分主要的答案,而将未给出的答案留以空格,由被调查者自行填写),在政策建议方面采用了开放式(对问题的回答不提供任何具体的答案,由被调查人自由回答,自由发挥和阐释有关意见及建议)。

此外,专家的层次以及专家对技术的熟悉程度直接影响专家判断的可信程度,在调查问卷中也必须体现这两项。

最后设计的德尔菲调查表如附表1所示。

8.4.3 技术调查专家选择方法

德尔菲调查依赖专家完成问卷调查表,对技术发展状态及未来发展趋势进行判断,专家判断的科学合理性直接决定最终技术预见的可靠性,专家的选择也在很大程度上决定德尔菲技术预见的质量。

1. 专家选择的原则

科技的未来发展既遵循科技发展的内在规律,又受需求、支撑环境、投入等外部环境的影响,参与调查的专家也既要有技术专家,也要有政策、管理、企业方面的专家。所以,选择调查专家时应遵循专业性、分布性和规模化原则。

1)专业性原则

专家的主要职责是根据其专业知识及经验,对技术的当前状态及未来发展进行判断,需要以对技术的深刻理解和把握为基础,所以,专家的选择必须首先遵循专业性的原则。应挑选在某一领域工作较长时间,且具备该领域相关高级专业技术职称的研究人员,或挑选在某一领域工作较长时间的管理人员。人员可从相关的专业组、协会、学会成员中选择,或由各领域专家组推荐。

2)分布性原则

技术发展不仅受技术内在发展规律的影响,还受政策、投入、需求等外部环境的影响,特别是现在大科学时代,政策、投入等外部环境对技术发展的影响更加显著。专家选择时应遵循分布式原则,不仅要选择技术领域的专家,还要选择一定比例的企业家和有关管理人员,保证专家分布于技术、管理等不同岗位,来自科研院所、企业、军队等不同单位。

3）规模化原则

德尔菲问卷调查技术预见的基本思想是综合大量专家对技术发展的判断,对技术的未来发展进行科学预判,一般来说,专家的数量越多,判断也越准确。在"中国未来20年技术预见研究"(信息、能源、材料和生物等领域)中,共进行了两轮调查。第一轮调查中,就4个领域共发放问卷1880份;第二轮共发放问卷2000份,平均每个领域在450人以上,人数最少的生物技术领域也在330人以上。考虑到装备技术的特殊性,在某些技术领域难以找到几百位专家,但也应尽量扩大专家的规模。

2. 专家选择的总体思路

专家选择的总体思路是首先通过单位推荐、资料分析、专家提名、知识计量与社会网络分析,综合得到领域调查专家库,并定义专家职称(院士、正高、副高、其他),专家技术任职(863专家,总装专业组专家),专家类别(研究人员、管理人员),专家单位(科研院所、企业、科研管理部门、军方)等专家属性,得到如表8.3所示的专家数据库,然后应用构建的专家选择模型,根据专家属性对专家进行定量打分排序,按得分高低选出专家组成领域调查专家组。

表8.3 专家数据库示意图

属性\专家	专家职称			专家技术任职		专家类别		专家单位			
	院士	正高	副高	863专家	专业组专家	研究人员	管理人员	科研院所	企业	科研管理部门	军方
专家1	√			√		√		√			
专家2		√			√		√		√		
专家3			√	√	√					√	
……											

注:
1. 专家职称属性是唯一性指标,具体专家只能是院士、正高和副高中的一个;
2. 专家技术任职属性和类别属性是非唯一性指标,具体专家可能具有多个属性;
3. 专家职称属性是唯一性指标,具体专家只能来自科研院所、企业、科研管理部门和军方中的一个

3. 专家选择方法

首先对表8.5所示的专家数据库进行建模。

设定专家职称属性的数学表示为 $W_z = [\begin{matrix} w_z^1 & w_z^2 & w_z^3 \end{matrix}]$,$w_z^1$、$w_z^2$、$w_z^3$ 分别表示是否是院士、正高和副高,是对应1,否对应0。如专家1的职称属性 $W_z = [\begin{matrix} 1 & 0 & 0 \end{matrix}]$,表示专家1为院士;如专家2的职称属性 $W_z = [\begin{matrix} 0 & 1 & 0 \end{matrix}]$,表示专家2为正高职称;此处设定三者之间只取最高者,如既是正高职称又是院士,只选取院士。设定院

士、正高和副高的分值分别为 6、2、1,即专家职称属性对应分值为 $K_z = \begin{bmatrix} k_z^1 & k_z^2 & k_z^3 \end{bmatrix}^T = \begin{bmatrix} 6 & 2 & 1 \end{bmatrix}^T$,则专家职称属性的分值为 $W_z K_z$。

设定专家技术任职属性的数学表示为 $W_j = \begin{bmatrix} w_j^1 & w_j^2 \end{bmatrix}$,$w_z^1$、$w_z^2$ 分别表示是否是 863 专家、总装专业组专家,是对应 1,否对应 0。如专家 1 的技术任职属性 $W_j = \begin{bmatrix} 1 & 1 \end{bmatrix}$,表示专家 1 既是 863 专家,又是总装专业组专家;如专家 2 的职称属性 $W_j = \begin{bmatrix} 0 & 1 \end{bmatrix}$,表示专家 2 仅为总装专业组专家。设定 863 专家、总装专业组专家的分值分别为 4、4,即专家技术任职属性对应分值为 $K_j = \begin{bmatrix} k_j^1 & k_j^2 \end{bmatrix}^T = \begin{bmatrix} 4 & 4 \end{bmatrix}^T$,则专家职称属性的分值为 $W_j K_j$。

设定专家类别属性的数学模型为 $W_l = \begin{bmatrix} w_l^1 & w_l^2 \end{bmatrix}$,$w_l^1$、$w_l^2$ 分别表示是否是研究人员、管理人员,是对应 1,否对应 0。如专家 1 的类别属性 $W_l = \begin{bmatrix} 1 & 0 \end{bmatrix}$,表示专家 1 为技术专家;如专家 2 的类别属性 $W_l = \begin{bmatrix} 1 & 1 \end{bmatrix}$,表示专家 2 既是技术专家,又是管理专家。设定研究人员、管理人员的分值分别为 1、1,即专家技术类别属性对应分值为 $K_l = \begin{bmatrix} k_l^1 & k_l^2 \end{bmatrix}^T = \begin{bmatrix} 1 & 1 \end{bmatrix}^T$,则专家职称属性的分值为 $W_l K_l$。

由专家职称属性、技术任职属性和专家类别属性得分,可得专家总得分

$$W = R_z W_z K_z + R_j W_j K_j + R_l W_l K_l$$

R_z、R_j、R_l 分别为专家职称属性、技术任职属性和专家类别属性得分在专家属性得分中所占比重,$R_z + R_j + R_l = 1$。

为了使遴选出的专家组既对技术发展本身,又对技术的工程化、技术的军事需求、技术整体情况有较准确的把握,专家组中不同来源的专家应保持合适的比例,科研院所专家占比 U_1,企业专家占比 U_2,科研管理部门专家占比 U_3,军方专家占比 U_4,$U_1 + U_2 + U_3 + U_4 = 1$。假定总专家人数为 N,则各种来源专家的人数为

$$N_k = N \cdot U_1$$
$$N_q = N \cdot U_2$$
$$N_g = N \cdot U_3$$
$$N_j = N \cdot U_4$$

式中:N_k、N_q、N_g、N_j 分别表示科研院所专家、企业专家、科研管理部门专家、军方专家的人数。

把专家按专家单位进行分类,并按专家属性分值从高到低进行排序,从对应分类中顺序选取 N_k、N_q、N_g、N_j 位专家,并进行汇总整理,组成领域调查专家组。

4. 专家选择流程

专家的选择可分为两个阶段,建立专家数据库阶段和选择专家阶段,建立专家数据库阶段的主要工作是构建包括属性的专家数据库,选择专家阶段的主要工作是根据专家选择方法从专家数据库中选出参与调查专家。具体的流程如图 8.7 所示。

1)建立专家数据库

第一步,领域研究组通过单位推荐、资料分析、专家推荐、知识计量与社会网络

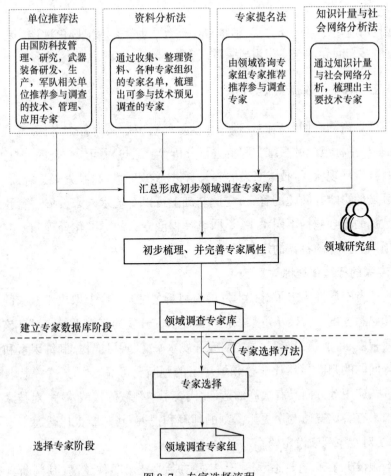

图 8.7　专家选择流程

分析,分别得到各自的专家名单。

　　单位推荐法是指由国防科技管理、研究单位,武器装备研发、生产单位,军队,以及军工企业等推荐参与调查的技术、管理、应用专家。资料分析法是指通过收集、整理资料、各种专家组织(如总装专业组、863 专家组)的专家名单等,梳理出可参与技术预见调查的专家。专家提名法是指领域咨询专家组专家根据其了解的领域专家情况,推荐参与调查专家。知识计量及社会网络分析是指通过知识计量与社会网络分析,梳理出在某一技术方向发表文章较多或发表重要节点文章的技术专家。

　　第二步,领域研究组综合前一步得到的专家库,进行初步处理,剔除重复专家,得到初步的专家数据库。

　　第三步,领域研究组根据相关资料,完善专家属性,主要包括专家职称(院士、正高、副高、其他),专家技术任职(863 专家,总装专业组专家),专家类别(研究人员、管理人员、研究兼管理人员),专家单位(科研院所、企业、科研管理部门、军方)等,得到最终专家数据库。

2）选择专家

第四步,应用专家选择方法,根据专家属性,对专家进行量化排序。根据排序结构,选出参与问卷调查专家组成领域调查专家组。

8.4.4 技术调查数据处理方法

德尔菲调查问卷回收后的处理操作涉及问卷中定义的各个指标、不同指标的关联、在多个指标组成的多维空间上进行分析等。通过对问卷数据的分析处理,能够获取科技发展现状、科技未来发展趋势、科技实现时间、科技发展途径、科技发展对军事领域的影响等问题的答案,在此基础上可以对技术未来发展进行预见。技术调查数据的处理包括不同水平、不同熟悉程度专家的标准化处理和所有专家完成的各项调查指标的答案的定量处理。

1. 专家的标准化处理

技术的专有属性决定了对技术发展的判断在很大程度上取决于专家的专业知识水平和熟悉程度。长期从事某项技术课题研究开发的高水平专家对于该技术课题的重要程度、目前领先国家、国内研究开发水平、实现可能性、制约因素和预计实现时间等问题的判断显然比非该领域专家的判断要可靠。"院士"等著名专家在理论、方法、应用等方面具有很高的造诣,代表了本领域的权威水平,对技术发展的现状和未来有着比普通专家更为深刻的理解和把握,其判断也比普通专家更为可靠。因此,对专家判断设定两个基本假设。

基本假设1:在相同熟悉程度下,专家的专业技术职称越高,其判断具有越高的可信度。对技术条目的理解都为"很熟悉"的专家,"院士"对技术条目的判断要比一般具有"正高"职称专家的判断为优,"正高"专家对技术条目的判断要比"副高"专家的判断为优。

基本假设2:具有相同技术职称的专家,熟悉程度越高其判断的可信度越高。"很熟悉"技术条目的专家对技术条目的判断要比"熟悉"技术条目的专家的判断为优,不熟悉技术课题的专家判断可以忽略不计。

因此在处理调查问卷中"院士、正高级、副高级、其他"4类专家的判断时,分别赋予权重 $Rz_i = 10、6、3$ 和 1(表8.4);在处理调查问卷中"很熟悉、熟悉、了解、不熟悉"4类专家的判断时,分别赋予权重 $Rs_i = 4、2、1$ 和 0(表8.5),用加权回函专家人数取代实际回函专家人数,使判断更趋向于高层次专家和熟悉专家的判断。赋予不同权重实际就是对采集的信息作进一步的鉴别、筛选或选择,判明适用程度,保留有用信息,剔出无用信息。权重为0,实际就是剔出无用信息。

表 8.4　专家职称权重表

专家职称	职称权重(Rz_i)
院士	10
正高职	6
副高职	3
其他	1

表 8.5　专家熟悉程度权重表

专业程度	专业权重(Rs_i)
很熟悉	4
熟悉	2
了解	1
不熟悉	0

2. 最大值法

通过统计指标选项的回函专家人数,若某选项的加权回函专家人数最大,则该选项为指标的最终统计选项。如在判断"当前国内发展水平与世界先进水平的比较"时, N_1 、 N_2 、 N_3 、 N_4 分别为回答"领先"、"接近"、"落后 5 ~ 10 年"、"落后 10 年以上"的加权人数。把 N_1 、 N_2 、 N_3 、 N_4 中最大值所对应的选项作为该项目的专家意见。如 N_3 最大,则该技术条目为我国"落后 5 ~ 10 年"。

本研究中可采用最大值法进行数据处理的指标包括:当前国内发展水平与世界先进水平的比较;当前世界发展水平;主要领先国家;我国当前发展水平;研发途径;5 年后我国目标状态;10 年后我国目标状态。

3. 单因素指数法

单因素指数法是某项指标的各项答案设定定量值,通过计算所有专家答案定量值加权和得到最终答案的方法。如专家对某一指标选择"高"、"较高"、"中"、"低"的人数分别为 N_1 、 N_2 、 N_3 、 N_4 (加权人数),为便于对问卷结果进行统计分析,课题将采用目前通用的做法将定性问题定量化,设定专家选择"高"的分值为 100,"较高"的为 70,"中"的为 40,"低"的为 0 分。则该单因素指标的指数为

$$\text{Index} = \frac{N_1 \times 100 + N_2 \times 70 + N_3 \times 40 + N_4 \times 0}{N_1 + N_2 + N_3 + N_4}$$

当所有专家都认为某技术的重要性为"高"时其指数为 100,当所有专家都认为某技术的重要性为"低"(不重要)时其指数为 0。重要程度指数的值越高,该技术对相应评价指标的重要性就越高。

专家层次、熟悉程度、重要程度交叉变量如表 8.6 定义。由表 8.6 可知

$$N_1 = a_1 * (b_1 N_{1,1,1} + b_2 N_{1,2,1} + b_3 N_{1,3,1} + b_4 N_{1,4,1}) +$$

$$a_2 * (b_1 N_{2,1,1} + b_2 N_{2,2,1} + b_3 N_{2,3,1} + b_4 N_{2,4,1}) +$$
$$a_3 * (b_1 N_{3,1,1} + b_2 N_{3,2,1} + b_3 N_{3,3,1} + b_4 N_{3,4,1}) +$$
$$a_4 * (b_1 N_{4,1,1} + b_2 N_{4,2,1} + b_3 N_{4,3,1} + b_4 N_{4,4,1}) = \sum_{i=1}^{4} a_i \sum_{j=1}^{4} b_j N_{i,j,1}$$

$$N_2 = \sum_{i=1}^{4} a_i \sum_{j=1}^{4} b_j N_{i,j,2}, N_3 = \sum_{i=1}^{4} a_i \sum_{j=1}^{4} b_j N_{i,j,3}, N_4 = \sum_{i=1}^{4} a_i \sum_{j=1}^{4} b_j N_{i,j,4}$$

式中:$N_{i,j,l}$代表层次为 i、熟悉程度为 j 的专家中选择重要程度 l 的作答人数。

表 8.6　专家层次、熟悉程度、重要程度交叉变量的定义

专家层次/熟悉程度　　　重要程度		高	较高	中	低
院士	很熟悉	$N_{1,1,1}$	$N_{1,1,2}$	$N_{1,1,3}$	$N_{1,1,4}$
	熟悉	$N_{1,2,1}$	$N_{1,2,2}$	$N_{1,2,3}$	$N_{1,2,4}$
	了解	$N_{1,3,1}$	$N_{1,3,2}$	$N_{1,3,3}$	$N_{1,3,4}$
	不熟悉	$N_{1,4,1}$	$N_{1,4,2}$	$N_{1,4,3}$	$N_{1,4,4}$
正高职	很熟悉	$N_{2,1,1}$	$N_{2,1,2}$	$N_{2,1,3}$	$N_{2,1,4}$
	熟悉	$N_{2,2,1}$	$N_{2,2,2}$	$N_{2,2,3}$	$N_{2,2,4}$
	了解	$N_{2,3,1}$	$N_{2,3,2}$	$N_{2,3,3}$	$N_{2,3,4}$
	不熟悉	$N_{2,4,1}$	$N_{2,4,2}$	$N_{2,4,3}$	$N_{2,4,4}$
副高职	很熟悉	$N_{3,1,1}$	$N_{3,1,2}$	$N_{3,1,3}$	$N_{3,1,4}$
	熟悉	$N_{3,2,1}$	$N_{3,2,2}$	$N_{3,2,3}$	$N_{3,2,4}$
	了解	$N_{3,3,1}$	$N_{3,3,2}$	$N_{3,3,3}$	$N_{3,3,4}$
	不熟悉	$N_{3,4,1}$	$N_{3,4,2}$	$N_{3,4,3}$	$N_{3,4,4}$
其他	很熟悉	$N_{4,1,1}$	$N_{4,1,2}$	$N_{4,1,3}$	$N_{4,1,4}$
	熟悉	$N_{4,2,1}$	$N_{4,2,2}$	$N_{4,2,3}$	$N_{4,2,4}$
	了解	$N_{4,3,1}$	$N_{4,3,2}$	$N_{4,3,3}$	$N_{4,3,4}$
	不熟悉	$N_{4,4,1}$	$N_{4,4,2}$	$N_{4,4,3}$	$N_{4,4,4}$

综上,某备选技术的重要程度计算公式如下:

$$\text{Index} = \frac{N_1 \times 100 + N_2 \times 70 + N_3 \times 40 + N_4 \times 0}{N_1 + N_2 + N_3 + N_4} =$$

$$\frac{\sum_{i=1}^{4} a_i \sum_{j=1}^{4} b_j N_{i,j,1} \times 100 + \sum_{i=1}^{4} a_i \sum_{j=1}^{4} b_j N_{i,j,2} \times 70 + \sum_{i=1}^{4} a_i \sum_{j=1}^{4} b_j N_{i,j,3} \times 40 + \sum_{i=1}^{4} a_i \sum_{j=1}^{4} b_j N_{i,j,4} \times 0}{\sum_{i=1}^{4} a_i \sum_{j=1}^{4} b_j N_{i,j,1} + \sum_{i=1}^{4} a_i \sum_{j=1}^{4} b_j N_{i,j,2} + \sum_{i=1}^{4} a_i \sum_{j=1}^{4} b_j N_{i,j,3} + \sum_{i=1}^{4} a_i \sum_{j=1}^{4} b_j N_{i,j,4}}$$

$$= \frac{\sum\limits_{i=1}^{4} a_i \sum\limits_{j=1}^{4} b_j N_{i,j,1} \times 100 + \sum\limits_{i=1}^{4} a_i \sum\limits_{j=1}^{4} b_j N_{i,j,2} \times 70 + \sum\limits_{i=1}^{4} a_i \sum\limits_{j=1}^{4} b_j N_{i,j,3} \times 40}{\sum\limits_{l=1}^{4} \left(\sum\limits_{i=1}^{4} a_i \sum\limits_{j=1}^{4} b_j N_{i,j,l} \right)}$$

与问卷调查的指标体系相对应,可采用单因素指数进行数据分析的指标包括:

I_{xy}:对新型武器装备研制或现有装备改进的作用。

I_{fd}:对形成非对称军事能力或提升体系作战能力的作用。

I_{dd}:未来五年产生重大突破,具有重大带动作用。

I_{xg}:有望形成新军事能力的新概念技术。

I_{pj}:解决制约武器装备和国防科技发展的瓶颈技术。

I_{jj}:对经济发展的影响。

I_{sh}:对社会生活的影响。

I_{sx}:技术引进受限程度指数。

I_{fx}:技术发展风险指数。

I_{jc}:研发基础指数。

4. 多因素指数法

1)军事应用关键程度指数

在德尔菲问卷调查结果统计分析过程中,除了分别计算备选技术"对新型武器装备研制的重要度指数"、"对形成非对称军事能力或提升体系作战能力"、"未来五年产生重大突破、具有重大带动作用、"有望形成新军事能力的新概念技术"和"对解决制约武器装备和国防科技发展瓶颈问题"等单因素重要程度之外,还需要综合考虑这五个指标,确定技术在军事领域的综合重要程度指数。

从深入分析技术发展对军事领域的重要价值、科学遴选优先发展技术的角度出发,计算五因素综合重要程度指数时需要"适度强调拔尖",即充分考虑对某一因素的重要程度指数的边际贡献率呈非线性递增趋势,以便选择单项指标突出而不是各项指标平均的备选技术。

需要强调的是,由国防关键技术的定义可知,国防关键技术针对的未来 5～10 年装备发展的急需,军事应用关键程度判断的 5 个方面指标在进行技术评价时应具有不同的优先级,需要结合国情、军情确定其相对权重,假定 5 个指标的相对权重分别为 W_{xy}、W_{fd}、W_{dd}、W_{xg}、W_{pj},其中:

$$W_{xy} + W_{fd} + W_{dd} + W_{xg} + W_{pj} = 1$$

多因素综合重要程度计算属于典型的多目标决策问题,"线性加权和法"、"平方和加权法"、"逼近理想解的排序方法"(简称 TOPSIS 法)是解决类似多目标决策问题的常用计算方法。其中,线性加权和法比较直观,易于理解和接受,但必须满足 3 个基本假设条件:一是指标之间必须具有完全可补偿性;二是指标之间价值相互独立;三是单项指标边际价值是线性的。因此,采用线性加权和方法不能满足

"单因素重要程度指数的边际贡献率呈非线性递增"的要求。TOPSIS法确定技术条目的优劣是到正负理想点的距离,最优方向为负理想点到正理想点的连线方向。

由于TOPSIS法较多强调样本不同纬度指标之间的均衡。因此,TOPSIS法也不适用于解决本研究所面临的问题。

"平方和加权法"与"线性加权和法"相比,一定程度上突出了单指标作用显著的技术。具体计算时,需要在属性空间中确定由单因素指数最小值构成的"负理想点",然后分别计算每项技术由5项指标确定的空间点到"负理想点"之间的距离,并根据距离对备选技术进行排序,与"负理想点"之间的距离越长,排名越靠前。

基于对上述方法的分析,本研究决定采用平方和加权法计算课题综合重要程度指数。重要程度为"低"时赋予取值"0",因此可定义(0,0,0,0,0)为负理想点,然后分别计算每项技术5项单因素重要程度指数确定的空间点到"负理想点"之间的距离,并根据距离对备选技术进行排序,与"负理想点"之间距离越远,则排名越靠前,满足本研究提出的"单因素重要程度指数的边际贡献率呈非线性递增"的要求。计算公式如下:

$$I_{zh} = \sqrt{W_{xy}I_{xy}^2 + W_{fd}I_{fd}^2 + W_{dd}I_{dd}^2 + W_{xg}I_{xg}^2 + W_{pj}I_{pj}^2}$$

该式满足了"单因素重要程度指数的边际贡献率呈非线性递增"的要求。

2)技术发展急需程度指数

技术发展急需程度指数反映的是该技术在我国发展的需求程度,可以通过我国与技术先进国家的差距和技术发展对军事领域影响两个方面来衡量,与问卷指标相一致,本报告采用"我国与世界先进水平比较"和"对军事领域影响"的加权来表达。

"我国与世界先进水平比较"主要用于度量我国技术与世界先进水平相比的差距状态,差距越大表明我国在该技术研发方面越落后,越应该进行技术投资和研发。为保持与其他指标相同的取值范围,进行"100"加权,即

$$R_{i水平} = \frac{R_{LH} + R_{QT}}{R_{LX} + R_{JJ} + R_{LH} + R_{QT}} \times 100$$

式中:$R_{i水平}$代表第i项技术的我国目前研究开发水平指数;R_{LX}代表"领先"选项专家选择人数(加权人数);R_{JJ}代表"接近"选项专家选择人数(加权人数);R_{LH}代表"落后5~10年"选项专家选择人数(加权人数);R_{QT}代表"落后10年以上"选项专家选择人数(加权人数)。

"对军事领域影响"计算见"多因素指数法"部分"军事应用关键程度指数"的计算。考虑边际效应的影响,假设"我国目前研究开发水平指数"和"当前国内技术发展水平对武器装备发展的满足程度指数"在度量技术发展急需程度方面具有同等权重,则"技术发展急需程度指数"可采取如下计算方法:

$$I_{i急需} = \sqrt{R_{i水平}^2 + I_{zh}^2}$$

3）技术发展可行性指数

"技术发展可行性指数"反映的是我国开展该技术研究的可行性,可以通过"未来5年进步指数"、"技术发展风险"、"研发基础"3个方面进行度量。

"技术发展风险"、"研发基础"可以通过"单因素指数法"的 I_{fx}、I_{je} 进行表达。"未来5年进步指数"可通过"2015年我国发展目标"与"我国当前发展水平"的差值与100的差值进行定量化进行表达,方法如下:分别将"原理探索"、"突破技术关键"、"原理样机"、"工程样机"、"工程应用"分别赋予20、40、60、80、100的分值,取其5年内发展目标与100的差值,即

$$I_{jb} = 100 - (S_{2015} - S_{dq})$$

式中:S_{2015}表示2015年我国发展目标的分值;S_{dq}表示我国当前发展状态的分值。

如某项技术我国当前水平为40(突破技术关键),2015年达到80(工程样机),则"5年的技术进步指数"为100 - (80 - 40) = 60,进步指数越大,表明该技术进步幅度越小,越具有实现的可能性。

考虑边际效应的影响,假设"5年发展目标的差值"(即我国5年的技术进步指数)、"技术发展风险"、"研发基础"在度量"技术发展可行性方面"具有同等权重,则"技术发展可行性指数"可采用如下公式计算:

$$I_{i可行} = \sqrt{(100 - I_{fx})^2 + I_{je}^2 + I_{jb}^2}$$

4）技术辐射效应指数

技术辐射效应指数由技术发展对社会发展和国民经济建设的重要程度共同决定,其计算式如下:

$$I_{fs} = \sqrt{R_{jj}I_{jj}^2 + R_{sh}I_{sh}^2}$$
$$R_{jj} + R_{sh} = 1$$

5. 专家认同度

技术预见调查数据的处理过程中,为了得到唯一的结论,对调查数据进行了简化处理,省去了很多重要信息。两项技术的同一个指标经数据处理后得到相同的结果,结果的可信程度并不能在最终结果中得到反映。如两项技术"技术1"和"技术2"在"5年后预计状态"这项指标中选择"原理探索"、"突破技术关键"、"原理样机"、"工程样机"的人数分别为"10、20、60、10"和"10、30、40、20",则处理后对"技术1"和"技术2"在"5年后预计状态"的判断都为处于"原理样机"阶段,但两者的可信程度显然不一样。专家认同度可以提供最终预见结果的认同程度,为后续选择提供补充参考信息。

专家认同度是指回函选择某项答案的加权专家人数占回函加权专家总数的比例,表示专家对某项指标最终答案的认同度。以表8.6所示的不同职称与熟悉程度专家对"与领先国家差距"的反馈表为例,专家认同度的具体计算公式为

$$Z_i = \frac{P_i}{P_1 + P_2 + P_3 + P_4}, i = 1, 2, 3, 4$$

表示专家对第 i 种答案的认同度,一般比较关心处理后最终答案对应的专家认同度,如 P_2 最大,则关心 Z_2 的大小。

6. 预见结果修正

装备技术是一个复杂、发展中的庞大体系,技术的遗漏几乎不可避免。此外,预见调查过程涉及专家多、范围广,存在诸多不确定因素。必须充分考虑并积极应对各种可能出现的情况,以提高技术预见的客观性和可信度。课题拟针对预见调查过程中可能出现的问题,进行修正方法和技术研究。

(1) 领域和技术清单中技术方向设置不合理、重要方向遗漏的修正。由于装备技术体系的复杂性,以及专家学识的局限和个人偏好,在技术方向的遴选过程中容易导致设置不合理、出现重大遗漏等问题,从而降低调查结果的权威性。课题研究时拟采用多种手段减少这种情况。一是前期组织专家进行多轮研讨,尽量减少技术遗漏。得到技术预见的领域和技术清单后,组织大量专家进行多轮次研讨,检查是否存在技术遗漏并进行补充。二是在调查问卷设计时预留专家增加技术方向的选项。在两轮德尔菲调查表中,设置专家增加技术的选项,并对增加的技术进行预见。三是对调查反馈意见中专家增加技术方向采取多种方式进行处理。对第一轮德尔菲调查时专家增加的技术,采用专家调研、专家会议等方式进行处理,确定是否在第二轮德尔菲调查表中增加;对第二轮德尔菲调查时专家增加的技术,采用专家会议方法对其发展趋势进行预见。

(2) 回答不完整调查问卷的处理。被调查专家的主要视野大都局限在自己专业范围内,对科技发展大局和趋势缺乏整体把握,在实际调查过程中,可能存在大量专家仅对与自己专业密切相关的技术方向作答。对待此类信息不完整、回答不充分的调查问卷,常见的处理方法是作为无效问卷。但是,专家仅在自己熟悉的领域进行作答是为保障所填内容的准确性,所填信息反而具有较高的可信度。所以,在后续处理时也把此类问卷的专家意见作为相关技术条目的有效选项予以考虑。

(3) 调查问卷结果准确性的保证。在德尔菲问卷调查中,受专家自身能力、研究方向、自身位置的制约,技术预见时存在以下影响预见准确性的问题:①预测结果取决于专家对预测对象的主观看法,受专家的学识、评价尺度、生理状态及兴趣程度等主观因素的制约;②专家在日常工作中一般专业方向比较明确,容易在有限范围内进行习惯性思维,往往不具备了解预测问题全局所必需的思想方法;③专家对问题的评价通常建立在直观判断的基础上,缺乏严格的考证,因此专家的预测结论往往是不严格科学的。课题研究过程中初步考虑采用以下措施保证调查问卷结果的准确性。一是有效吸引官、学、产、研、军等不同类别、不同层次专家的参与,保证调研专家结果具有全面性和广泛代表性。二是调研专家保持一定规模,以发挥大量专家对调查判断结果的平衡修正作用。三是用专家熟悉程度影响的加权人数代替实际回函专家人数。由于专家在本领域具有相对权威性,可以在一定程度上提高调查结果的准确性。

8.4.5 基于知识计量的前沿技术预见方法

1. 总体思路

基于知识计量的前沿技术预见方法以一定时期内某一前沿技术领域公开发表的科研论文为研究对象,通过关键词词频计量,梳理出技术发展重点,在此基础上进行关键词共词聚类分析,将分散的技术点聚类为技术研究方向,梳理出此前沿技术领域的体系框架及包含的重点技术。

2. 基本原理

基于知识计量的前沿技术预见方法的核心是词频计量和共词聚类分析,其理论依据是科技发展与文献数量间的对应关系,以及不同关键词共同出现多少所代表的亲疏关系。

1) 词频计量法原理

科技的发展一般要经历孕育、发展、成熟和衰退四个阶段,在这四个阶段,代表技术发展成果的文献数量和内容构成上也相应地发生变化,文献的数量与技术的发展阶段呈图8.8所示的倒马鞍形。在技术发展孕育阶段,只有少数几篇文献,其内容也大多是一些实验事实和学科概念的讨论;技术发展阶段,文献数量显著增长,内容日渐完整和成熟,主要研究方向的文献大量出现;技术成熟阶段,文献增长变慢并逐渐达到饱和状态,应用文献的比例增大;技术衰退阶段,文献数量逐步减少。由于论文的关键词或主题词是文章核心内容的浓缩和提炼,因此,如果某一关键词或主题词在其所在领域的文献中反复出现,则可反映出该关键词或主题词所表征的研究主题是该领域的研究热点。词频计量法就是利用科技发展阶段与文献数量之间的对应关系,利用能够揭示或表达文献核心内容的关键词或主题词在某一研究领域文献中出现的频次高低来确定该领域研究热点和发展动向。

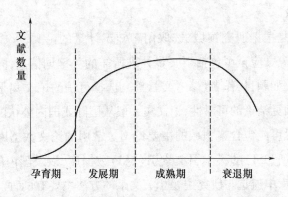

图8.8 科技发展与文献数量对应关系

2）共词聚类分析原理

一篇科技文献一般不止一个关键词,而是有多个关键词。不同的关键词在同一篇文献中共同出现,表示这两个不同关键词代表的技术点之间存在某种联系,共同出现的次数越多,联系越紧密。根据不同关键词之间共同出现的次数,就可以将分散的、看似毫不相关的关键词聚类为不同的研究方向。共词聚类分析就是对技术领域的关键词两两配对,统计它们在同一篇文献中出现的次数,以此为基础对这些词进行聚类,从而反映出这些词之间的亲疏关系,进而分析这些词所代表的技术领域的技术方向和重点。共词分析的对象是技术领域的高频关键词,关键词与关键词之间的关系代表着技术方向间的关系,因而聚类处理后所形成的类能够比较简明地揭示科技领域的体系。

3. 基本流程

基于知识计量的前沿技术预见方法的流程分为四个阶段:论文获取,关键词计量,关键词共词聚类处理,计量结果分析。整个流程如图 8.9 所示,每个阶段完成特定任务,得到特定的结果。

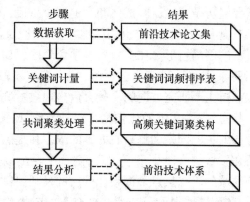

图 8.9　基于知识计量的前沿技术预见方法流程

1）论文获取

论文获取就是根据研究领域,选取用于知识计量的论文,形成研究对象论文集。论文集中的论文应至少包括下一步处理所需的关键词信息,同时包含其他一些论文基本属性,如题目、作者、参考文献等。选择可信的论文集是进行知识计量的基础,为确保预见结论的可靠性,论文集一般从国际或国内公认的权威论文数据库进行选取,应尽可能包含本领域的主要论文。常用的论文数据库主要是美国科学技术信息情报所(ISI)的科学引文索引(SCI)数据库,以及国内的 CNKI 数据库等。从选定数据库中遴选与研究主题相关文献的方法主要有两种。方法一是主题词搜索法。即选定主题词,在数据库中检索出某一时间段的所有相关文献记录作为文献计量的对象。方法二是期刊遴选法。即针对选定主题对应的研究领域,从数据库收录的相应领域期刊中选取影响因子居前列的系列期刊(一般前10~20种),检索出某一时间段的全部文献作为文献计量的对象。期刊遴选法适用于发展较成熟,已形成稳定专业期刊的科技领域,不适用于前沿技术领域。

2) 关键词计量

关键词计量是指统计所有关键词在论文集中出现的次数。具体来说就是从前一步获得论文集中提取出所有关键词,统计其出现的次数,并按出现频次的大小由高到低进行排序,得到关键词词频排序表。关键词提取主要有全文直接词频分析和字段间接词频分析两种方法。全文直接词频分析使用专门的信息挖掘工具从全文文本中直接抽取分析对象,得到关键词集;字段间接词频分析从在论文集中论文的关键词、标题、摘要、分类号和其他编入文献著录的字段中抽取分析对象,分析文献内容。文章的关键词一般能准确反映文章的主要研究内容,本书采取字段间接词频分析方法统计关键词在论文集中的出现次数。

3) 关键词共词聚类处理

关键词聚类处理就是以前面提取的关键词为对象,根据关键词之间的关联度,将有相似属性的关键词分为不同的聚类,梳理出领域的主要研究方向。关键词之间关联度的分析采用共词分析的方法,两个关键词共现次数的多少表示关联度的强弱。关键词共词关系的表示采用共词矩阵的方法,选取需要分析的关键词,将不同关键词同时出现的次数作为共词矩阵中对应元素的值,得到共词矩阵。共词矩阵为对称矩阵,其中主对角线上的数据定义为0,非主对角线上的数据表示两个关键词共同出现在同一篇论文中的次数。从共词矩阵很难直观看出关键词呈现出的关系,采用下式所示的余弦指数方法计算不同关键词之间的关联度,余弦指数越高,关联度越高。

$$\text{Cosine Coefficient} = \frac{c_{ij}}{\sqrt{c_i} * \sqrt{c_j}}$$

式中:c_{ij}是关键词i与关键词j共现的次数;c_i、c_j分别是关键词i和关键词j在文本集中出现的次数。

4) 结果分析

结果分析就是以关键词聚类分析结果为对象,根据各个主要研究方向所包含的关键词,梳理技术领域的技术方向和各个方向的主要技术点,即未来一段时间可能取得突破的技术。

第9章 装备技术体系设计示例

本章通过建立装备技术体系设计理论在无人机、导弹、卫星等具体装备技术体系设计案例的应用场景,检验装备技术体系设计思维、设计方法和方案分析等理论研究。

9.1 无人机装备技术体系实例

无人机是未来航空装备发展的重要趋势之一。以无人机装备技术体系设计为案例,按照装备技术体系设计的一般步骤,采用装备工作结构分解方法,进行装备技术体系理论的应用探讨。

9.1.1 无人机装备概述

早在 20 世纪六七十年代的越南战争中,美国就使用了无人机,主要用来执行侦察任务。无人机发展经历了无人靶机→无人侦察机、监视机→多用途无人机三大阶段。尤其近年来,无人机在"沙漠之狐"、"科索沃"和"持久行动"的局部战争中的风头尽露,表现出它在高技术战争中越来越重要的作用和地位,无人机的发展进入了崭新的时代。

目前,全世界共有 50 多个国家装备了无人机系统,无人机的基本型号已增加到 300 种以上,可谓种类繁多,型号各异,都有自己的特点。图 9.1 对各型无人机进行了分类。

以战术中型"侦察—打击"一体化的无人机装备为研究对象,分析该型装备技术体系,以支撑该装备相关科学技术的发展和规划。

通过对等国内外无人机装备发展现状和发展趋势的资料调研,以把握技术体系设计已有基础,界定装备技术体系研究所针对的装备对象。装备发展现状与趋势分析的方法主要是资料调研和专家评判,资料调研的对象是国内外装备情况介绍和装备发展规划。

1. 无人机装备发展现状

无人机系统族(包括四大类:微小型/微型、便携式、多任务和空射型无人机系统)、中型无人机系统族(战斗机尺寸)、大型无人机系统族(加油机尺寸)和特种无人机系统族。国外典型中型无人机系统包括美国空军 MQ-1"捕食者"和 MQ-9"死神",法国"麻雀"无人机,国内目前具备"侦察—打击"一体化发展潜力的中型

148

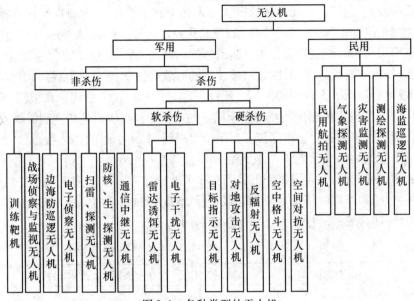

图 9.1　各种类型的无人机

无人机主要是"翼龙 – 1"。

　　MQ – 9A"死神"无人机由美国通用原子航空公司研制(图9.2),是美军正在服役的主战装备,具备"侦察—打击"一体化能力,在阿富汗战争中经过实战检验。MQ – 9A"死神"主要性能包括:

　　机动性能方面,采用霍尼韦尔 TPE – 331 – 10Y 型涡桨发动机(也用于其他螺旋桨飞机,如 S – 2 反潜机),功率为 900 马力,翼展 14.87m,机长 8.7m,最大起飞质量 4536kg,可携带 360kg 内部载荷和 1361kg 外部载荷,最大飞行速度 444km/h,实用升限 15600m,续航时间至少保证在 48 小时以上,而且可以在目标区上空旋停 24 小时。

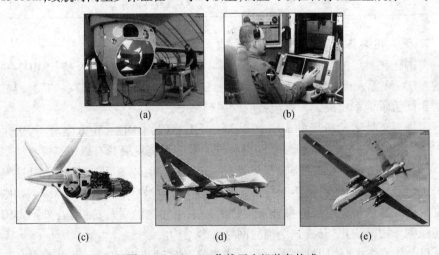

图 9.2　MQ – 9A 作战无人机装备构成

(a) 任务载荷;(b) 指挥通信;(c) 平台动力;(d) 平台总体;(e) 打击武器。

载荷方面,包括2台光学摄像机、1台彩色电视摄像机、1台前视红外传感器、1台激光测距机和1部称作为"特萨"的合成孔径雷达等多传感器系统。合成孔径雷达分辨率为0.3m,产生合成孔径雷达图像的时间需要5~6s。"捕食者"无人机的光电、红外与雷达传感器,对固定目标侦察的有效率为95%,对动目标为50%。

数传/通信系统方面,MQ-9A"死神"配备了3个数传系统。在波黑冲突期间,通过Ku波段卫星通信链路将波斯尼亚的目标图像近实时地传送到波黑战区的指挥官和美国华盛顿的总指挥部。为保持对战场的24小时的连续覆盖,1个无人机系统需包括4架飞行器、1个地面站。

武器系统方面,无人机每侧机翼下有3个外挂点,最内侧挂架可挂载1枚80kg的弹药,中间和外侧的挂架可分别挂载1枚159kg和68kg的弹药,MQ-9执行对地攻击任务时,最多可挂载14枚"海尔法"导弹。

表9.1 美国MQ-9A"死神"无人机性能参数

性能指标	美国MQ-9A"死神"
长	8.7m
翼展	14.87m
起飞重量	4536kg
最大飞行高度	15600m
最大时速	444km
续航时间	24h
携带武器	6个外挂点,可携带包括2枚GBU-12激光制导炸弹和4枚AGM-114"海尔法"空地导弹
任务载荷	光电/红外/激光测距仪/激光指示器;合成孔径雷达/移动目标指示器

2. 无人机装备发展趋势

美国正在发展的空军MQ-9,海军X-47B舰载无人机,以及替代MQ-9系列的MQ-M无人机系统,代表了战术中型"侦察-打击"无人机装备的发展趋势,图9.3概括了美军相关无人机装备的发展趋势图。

根据对正处试验阶段的MQ-9B、X-47B,以及对MQ-M方案分析,未来战术中型"侦察—打击"无人机装备的整体性能和分系统发展具有以下特性:

平台结构方面,更加强调隐身设计,例如MQ-9B对飞机外形、发动机进气口均采用信号抑制形状设计,传感器系统和武器系统也进行了内置化。X-47B则采用更为彻底的扁平无尾翼隐身外形。作为未来更先进的设计,除隐身外形,MQ-M还强调采用模块化、开放式结构的网络平台结构。

机动能力方面,使用推力更大和效率更高的发动机系统。无人机动力一般采用成熟的航空发动机,例如MQ-9A采用的霍尼韦尔TPE-331-10Y型涡桨发动

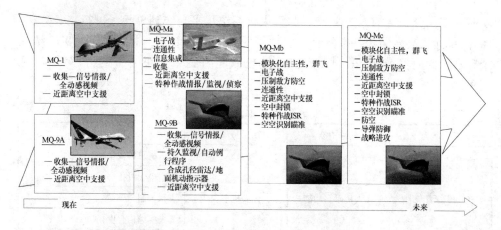

图 9.3　美军中型战术无人机发展趋势

机最初用于各类螺旋状反潜机和教练机。MQ－9B采用加拿大普惠公司的TW545B系列喷气发动机,之前该型发动机主要用于民用公务机,X－47B原型则采用为F－16设计的F100喷气发动机。

平台载荷方面,任务设备性能更为先进。MQ－9B平台载荷除具有光电/红外/激光测距仪/激光指示器、合成孔径雷达/移动目标指示器之外,新增全天候主动电扫描相控阵雷达(AESA)、大视角监视吊舱系统等广域侦察监视设备。

指挥控制方面,无人机自主控制能力不断增强。美军尤其重视通过提高无人机任务规划系统能力和机载控制系统的自主控制等级(ACL),降低无人机指挥控制对人工干预的要求。例如,美军计划MQ－M自主控制等级从MQ－9B的2级提高到未来的5~7级。

武器系统方面,无人机搭载武器数量和类型不断增多。例如,MQ－9B机载武器扩展到了GBU－3和GBU－12激光制导炸弹、"毒刺"空空导弹和"巴特"反坦克导弹等武器,作战能力显著增强。同时,随着无人机精确制导武器技术、侦察和电子技术的发展,无人机的应用领域将越来越大,并将逐步实现一机多用化。

9.1.2　技术结构分解

按照装备技术结构分解的主要步骤,从装备结构分解、分系统到技术映射、技术体系设计的流程进行无人机装备技术体系的设计。

1. 无人机装备结构分解

根据武器装备体系的五种常见任务能力要素,即打击力、保障力、机动力、信息力和控制力,建立无人机系统的任务能力与各分系统之间的对应关系。

无人机系统指由无人机平台、动力装置、数据链、指挥控制站、任务载荷以及地面保障等分系统组成的装备系统。对照装备体系的装备结构层级要素,无人机系统的装备结构层级可定为平台级。通过对无人机系统的任务能力分解,采用基于功能的工作分解结构方法(FBS),将无人机系统从平台级到单元级进行二级分解。此外,单元级装备结构是指具有独立功能的武器实体单元。根据对无人机系统各个分系统的研究分析,得到无人机系统任务能力到单元级装备的分解结构,见表9.2。

表9.2 无人机系统任务能力到单元级装备的分解

任务能力	具体功能	对应的分系统	单元级装备
保障力	无人机平台功能	无人机平台	无人机总体气动
			航空电子设备
			飞行控制与导航
			无人机结构强度
			自动起降/发射回收
机动力	动力功能	动力装置	发动机机体
			进排气
			燃料供应
			发动机控制
信息力	信息保障功能	任务载荷系统	情报侦察
			信息对抗
			机载武器
	指挥控制功能	指挥控制系统	指挥管理
			任务规划
			综合显示
			飞行操纵
	通信功能	数据链系统	天伺馈
			射频
			基带信号处理
			编解码
打击力	对地打击和空战功能	精确制导武器	空空导弹
			空地导弹
			精确制导炸弹
控制力	暂不考虑		

通过对无人机系统的装备体系结构分解,梳理出5类装备系统和20项单元级装备,得到无人机系统结构体系,如图9.4所示。

2. 无人机装备技术体系结构分解

无人机系统是一个复杂的系统,涉及专业面广,如果仅按专业构建技术体系,则该技术体系必然会极为庞杂,同时无人机系统技术本身的特点则会淹没于此体

152

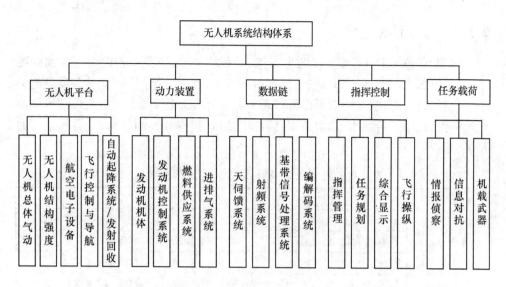

图 9.4　无人机系统装备分解结构

系中,从而不利于依据技术体系发展无人机系统技术。因此,本研究中的技术体系结构的设计强调突出无人机系统特有的专业技术,无人机系统所需但不为其特有的技术则考虑充分借鉴其他系统的共用技术,因此共用技术不列在本技术体系中,这种体系结构设计既保证了技术体系对于无人机系统技术发展的支撑,又充分体现了无人机系统的技术特点。参考有人机平台技术体系,考虑无人机系统的特点,基于 TBS 实现系统到关键技术的逐一分解。此外,根据装备技术研制需求,将无人机系统总体设计作为技术分解结构中的一部分,提出无人机系统技术体系结构如图 9.5 所示。

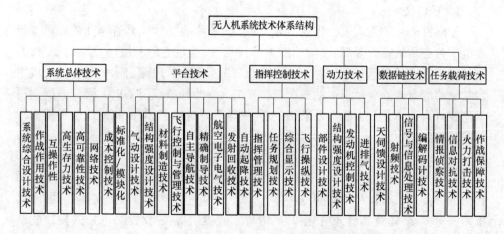

图 9.5　无人机系统技术体系结构

153

9.1.3　技术预见选择

按照"侦察－打击"无人机的生存能力、载荷能力、敌我识别能力等方面的要求,通过第5.1小节基于TBS技术要素得到的装备技术体系方案,与装备发展趋势研究比较,进行筛选和补充,可以得到表9.3所示的优化后的无人机装备技术体系设计方案,包括平台技术、动力技术、传感器技术、指挥与控制技术、武器技术等的预见和选择。

表9.3　无人机装备技术要素设计筛选和补充

领　域	技　术	说　明
平台技术	1. 气动/结构/隐身设计技术	来自装备结构分解和装备趋势研究
	2. 材料与制造技术	来自装备结构分解和装备趋势研究
	3. 自主导航技术	来自装备结构分解和装备趋势研究
指挥控制技术	4. 指挥管理技术	来自装备结构分解和装备趋势研究
	5. 综合显示技术	来自装备结构分解和装备趋势研究
	6. 机载控制系统技术	来自装备结构分解和装备趋势研究
动力技术	7. 发动机结构强度设计技术	来自装备结构分解
	8. 新能源发动机技术	来自技术趋势研究
数据链技术	9. 信号与信息处理技术	来自装备结构分解
	10. 射频技术	来自装备结构分解
任务载荷技术	11. 情报侦察技术	来自装备结构分解
	12. 火力打击技术	来自装备结构分解

1. 平台技术

侦察打击一体无人机的作战使方式对无人机平台的性能具有全面的要求。无人机平台必须具有升限高、飞行速度大等特点,以满足突防和快速反应的要求,而巡航速度则应尽量低,以提高无人机的侦察、识别能力和跟踪指示精度。无人机平台的载荷能力应能满足携带侦察设备和攻击武器等任务载荷要求。隐身方面则要求侦察打击一体化无人机平台采用外形、材料等隐身技术,降低其雷达散射截面积(RCS),提高生存能力和打击的突然性。

——气动/结构/隐身一体化设计技术

采用外形、材料等隐身技术,降低其雷达散射截面积(RCS),提高生存能力和打击的突然性。气动/结构/隐身一体化设计技术主要包括扁平无尾翼气动外形、推力矢量控制、雷达和红外信号抑制、内埋式武器舱等关键技术,开放式模块化结构设计。

——机体材料技术

无人机机体材料主要采用轻质航空合金和碳纤维复合材料技术。未来,生物聚合物蒙皮技术和自修复复合材料技术将成为发展热点。基于生物高聚合物的扭曲蒙皮，抗拉强度是钢的 2 倍，比碳复合材料轻 25%；自修复复合材料或再生式复合材料使结构损坏后再生。

——发射/回收技术

自主起飞/降落是无人作战飞机的主要方式，这种方式在设计飞控系统和飞机起降系统时比较繁琐，但使用时比较方便。由于电子技术、测控技术及定位技术的发展，无人机将主要采用这种方式。

2. 动力技术

侦察打击一体化无人机的飞行速度大、高度高，多采用涡桨或涡扇发动机为动力。由于侦察打击一体化无人机的航时较长，要求动力系统有良好的燃油经济性，在整个飞行包线内具有良好的高度、速度特性，提供足够的推力。发动机重量尽可能轻，全寿命周期成本尽量低。动力系统应具有高的可靠性，维护简单，以保障无人机的作战效能。

——低油耗高可靠性发动机技术

涡桨或涡扇发动机仍将是中型战术无人机的主要动力，$20 \sim 80kN$ 发动机将成为主要需求。需要开发研制大机动的小型涡喷发动机、小型涡扇发动机和低成本的高推重比的重油发动机，发展发动机增压技术和消声技术。2015 年，涡喷发动机推重比增加 50%，耗油率降低 10%。重油发动机（HFE）技术将能够稳定可靠地应用于小型无人机。

——新型能源发动机技术

氢能源发动机将成为最具前景的无人机动力。采用碳纳米管的氢储藏系统将可存储液氢，与采用常规燃料相比，飞行器的耐久性可提高 3 倍。新型能源发动机技术还包括生物能源发动机、高效燃料储能等技术。

——高能量密度电源技术

无人机载荷能力受到机载电源性能的严重制约，如 MQ-9B 设计要求携带电源不低于 35kW。目前，中小型无人机电源主要采用锂电池，功率密度为 $1 \sim 3kW/kg$。未来，驱动低温超导电机的燃料电池的功率密度将达到 $30 \sim 80 \ kW/kg$。

3. 传感器技术

无人机传感器包括雷达、光电/红外传感器、激光测距/指示器等，用于完成战场侦察、目标识别、跟踪和激光照射，引导制导武器实施打击。由于无人机的载荷能力较弱，有效载荷比例为 10% ~20%，应采用各种技术降低传感器重量、体积与功耗。侦察设备应具有灵活快速的伺服控制能力，能够快速搜索、识别并稳定跟踪目标，具备不良气象条件的适应能力。

——雷达技术

2015 年前，主动电扫描相控阵（AESA）、合成孔径/地面目标指示、树簇穿透型雷达等将成为侦察打击一体化无人机关注的主要雷达技术。激光雷达、太赫兹雷达将成为无人机雷达的发展方向。

——光电/红外传感器技术

集成型光电/红外传感器系统仍是侦察打击一体化无人机的主要传感器载荷。2015 年左右,超光谱成像技术将广泛用于无人机遥感和侦察。光学器件、红外器件工艺将不断提高传感器的性能,信息处理和支架控制技术将不断提高传感器的目标识别能力和伺服控制能力。

4. 指挥与控制技术

侦察打击一体化无人机可携带多种任务设备,无人机控制系统不仅要完成无人机飞行状态的控制,同时要完成各种侦察设备、无线电数据链路、机载武器的控制。侦察打击一体化无人机活动半径不断扩大,对视距链路控制提出要求。侦察打击一体化无人机的数据链路对数据传输的抗干扰、抗截获能力也有较高要求。

——机载控制系统技术

无人机机载控制系统技术主要包括控制系统体系结构设计、先进控制策略与算法、关键控制部件技术等。无人机的控制系统体系结构正由集中式向分布式发展,实现智能自主水平和强实时控制的协调工作;先进控制策略与算法对 ACL 4 级及以下的自主控制问题已经基本解决,未来需要研究 ACL 5 级以上的无人机自主协同控制技术;关键控制部件主要包括高精度高带宽液压/机电伺服作动技术,高精度抗干扰传感器技术、新型惯导系统和组合导航技术。

——机载数据链技术

无人机机载数据链目前主要采用射频与卫星链路结合的数据链技术,带宽和时延不能满足未来发展要求,数据传输延时已经影响到了无人机的飞行控制、目标跟踪和激光指示。未来,无人机数据链路将采用卫星链路、空中中继和空地宽带链路,结合高速处理芯片和数据处理算法提高数据链路的传输速率。

——无人机测控技术

无人机测控技术解决超视距条件下对无人机的跟踪定位、遥控指令、遥测数据和图像的中继传输,从而实现对中远程无人机的测控。现阶段主要有无人机—地面站直接测控技术,主要适应于中、短距离测控。卫星中继测控技术使地面站通过卫星信道完成对任务机的测控和侦察信息的传输,适应于远距离测控(300km 以上)。

5. 武器技术

小型精确制导武器是侦察打击一体化无人机系统实现无人机精确打击的前提。目前的精确制导武器重量、体积大,无人机难以挂载或挂载数量很少,严重制约了无人机的攻击能力。小型精确制导武器的发展在减重和减小尺寸的同时,需要提高其射程、抗干扰能力和智能化程度,满足未来战场复杂多样的使用要求。

——精确制导武器技术

提高制导精度和改进战斗部是无人战斗机武器系统发展的关键。轻型制导炸弹、空空导弹和空地导弹是无人战斗机目前主要的武器。小口径智能炸弹(SSB)和低成本自主攻击系统(LOCAAS)是正在研制、极具前景的无人战斗机武器系统。高功率微波和激光等能束武器及其致命和精准将是未来无人战斗机的最有效的武器。

  ——火控系统技术

  无人机火控系统仍以人工间接控制为主,无人机自主控制为辅。未来无人机火控系统自主能力将逐渐提高,降低人工干预水平。未来自主型无人机火控系统将满足对于侦察、空战、移动或重点目标袭击甚至防空反导等任务要求。

9.1.4 体系产品生成

  根据装备技术体系结构和装备技术要素结构设计的结果,依据装备技术体系规划中装备技术项目阶段划分与技术要素成熟度的关系,结合技术要素的发展趋势和技术成熟度,以示范为主,描绘如表9.5所示的装备技术体系规划视图。

表9.5 "侦察—打击"一体无人机装备技术体系规划视图

项目类型	2015 年	2020 年
基础研究 (TRL1~2)	– 推力矢量控制技术 – 氢能发动机及储能	
应用基础 (TRL2~4)	– 雷达和红外信号抑制 – 开放式模块化结构设计 – 自修复复合材料 – 主动电扫描阵列雷达技术 – 分布式控制系统体系结构 – 支持 ACL 6 级无人机的先进控制策略与算法 – 无人机发动机结构强度计算技术 – 多任务载荷和高性能载荷大数据量处理技术	– 发动机高温高强度材料技术 – 结构强度计算技术 – 生物高聚物扭曲蒙皮 – 分布式控制系统体系结构 – 氢能发动机及储能
关键技术 (TRL4~5)	– 光电/红外/雷达多模制导技术 – 扁平无尾翼气动外形设计 – 无人机指挥控制系统技术 – 无人机地面综合显示系统技术 – 无人机控制台综合显示技术 – 生物能源发动机 – 多传感器信号处理和数据融合技术 – 多光谱和超光谱以及多传感器信息融合技术 – 目标识别和精确定位技术	– 推力矢量控制技术 – 雷达和红外信号抑制 – 开放式模块化结构设计 – 自修复复合材料 – 多任务载荷和高性能载荷大数据量处理技术 – 智能自主技术 – 微机电陀螺精度达到 $1\sim10°/h$ – 基于惯性/卫星组合的多天线动态定姿精度达到 0.03° 以内 – 支持 ACL 6 级无人机的先进控制策略与算法

项目类型	2015 年	2020 年
		— 高精度高带宽液压/机电伺服作动技术 — 中继测控满足 1000 波段高光谱图像的实时中继
开发与验证 （TRL5～6）	— 碳纤维机体结构制造 — 微机电陀螺精度达到 10～30°/h — 基于惯性/卫星组合的多天线动态定姿精度达到 0.06°以内 — 无人机地面综合显示系统技术 — 空中中继测控和卫星中继测控将满足 100 波段高光谱图像的实时中继 — 高分辨率合成孔径雷达技术	— 主动电扫描阵列雷达技术 — 扁平无尾翼气动外形设计 — 无人机指挥控制系统技术 — 无人机数字指挥调度系统技术 — 无人机地面综合显示系统技术 — 无人机控制台综合显示技术 — 光电/红外/雷达多模制导技术 — 目标识别和精确定位技术

在技术要素方案的基础上,根据技术内容、技术成熟度和预测时间等要素,通过对国防科技发展战略、无人机技术发展战略资料的调研,获取无人机技术要素的具体信息。

——气动/结构/隐身设计技术

气动/结构/隐身设计技术通过外形设计和隐身材料技术,降低其雷达散射截面积(RCS),提高生存能力和打击的突然性。发展趋势:2015 年,扁平无尾翼气动外形设计(TRL4 级)、推力矢量控制技术(TRL2 级)、雷达和红外信号抑制(TRL3 级)、开放式模块化结构设计(TRL3 级)。2020 年,扁平无尾翼气动外形设计(TRL6 级)、推力矢量控制技术(TRL4 级)、雷达和红外信号抑制(TRL5 级)、开放式模块化结构设计(TRL5 级)。

——材料与制造技术

材料与制造技术研究高强度机体结构材料与制造技术,包括碳纤维复合机体结构制造、生物聚合物蒙皮和自修复复合材料技术。发展趋势:2015 年,碳纤维机体结构制造(TRL5 级)、基于生物高聚合物的扭曲蒙皮(TRL2 级)、自修复复合材料(TRL3)。2020 年,碳纤维机体结构制造(TRL7 级)、基于生物高聚合物的扭曲蒙皮(TRL4 级)、自修复复合材料(TRL5)。

——自主导航技术

无人机自主导航技术为无人提供实时位置、航行速度、航向等导航参数,确保无人机成功完成预定的航行任务。无人机自主导航技术研究新型惯导系统、惯导/GPS 组合导航等技术。发展趋势:2015 年,微机电陀螺精度为 10～30°/h(TRL6),基于惯性/卫星组合的多天线动态定姿精度达到 0.06°以内(TRL6)。2020 年,微机电陀螺达到 1 ~ 10°/h 的精度(TRL6),基于惯性/卫星组合的多天线动态定姿精度达到 0.03°以内(TRL6)。

——指挥管理技术

无人机指挥管理技术是通过有效指挥控制和管理的技术,实现对无人机的操控,提供自主性,增强其在广度和深度上的能力。发展趋势:2015 年,无人机指挥控制系统技术(TRL4 级)、无人机数字指挥调度系统技术(TRL4 级)、智能自主技术(TRL3 级)。2020 年,无人机指挥控制系统技术(TRL6 级)、无人机数字指挥调度系统技术(TRL5 级)、智能自主技术(TRL5 级)。

——综合显示技术

综合显示技术通过在无人机或地面显示系统上显示图像、位置、情报等信息的技术,提供视频图像、飞行参数等数据,增强可视化能力。发展趋势:2015 年,无人机地面综合显示系统技术(TRL5 级)、无人机控制台综合显示技术(TRL4 级)。2020 年,无人机地面综合显示系统技术(TRL6 级)、无人机控制台综合显示技术(TRL6 级)。

——机载控制系统技术

无人机机载控制系统技术主要包括控制系统体系结构设计、先进控制策略与算法、高精度高带宽液压/机电伺服作动技术等。发展趋势:2015 年,分布式控制系统体系结构(TRL2 级),支持 ACL 4 级无人机的先进控制策略与算法(TRL5 级),高精度高带宽液压/机电伺服作动技术(TRL4 级)。2020 年,分布式控制系统体系结构(TRL4 级),支持 ACL 6 级无人机的先进控制策略与算法(TRL5 级),高精度高带宽液压/机电伺服作动技术(TRL6)。

——发动机结构强度设计技术

发动机结构强度设计技术利用高温高强度材料和结构强度设计,提高无人机发动机比冲值、稳定性、总体应力。发展趋势:2015 年,无人机发动机结构强度计算技术(TRL3 级)、高温高强度材料技术(TRL4 级)。2020 年,无人机机体结构强度计算技术(TRL5 级)、高温高强度材料技术(TRL5 级)。

——新能源发动机技术

新能源发动机包括氢能发动机及储能、生物能源发动机等技术。发展趋势:2015 年,氢能发动机及储能(TRL2),生物能源发动机(TRL4)。2020 年,氢能发动机及储能(TRL4)、生物能源发动机(TRL6)。

——信号与信息处理技术

采用先进的信号与信息处理技术提高了无人机的图像传递速度和数字化传输速度。发展趋势:2015 年,多传感器信号处理和数据融合技术(TRL4 级)、多任务载荷和高性能载荷大数据量处理技术(TRL3 级)。2020 年,多传感器信号处理和数据融合技术(TRL6 级)、多任务载荷和高性能载荷大数据量处理技术(TRL5级)。

——射频技术

射频技术指由扫描器发射一特定频率的无线电波能量给接收器,用以驱动接收器电路将内部的代码送出,扫描器便接收此代码的技术。发展趋势:2015 年,微波、激光射频将满足 100 波段高光谱图像的实时中继(TRL5)。2020 年,空中中继测控和卫星中继测控将满足 1000 波段高光谱图像的实时中继(TRL5)。

——情报侦察技术

情报侦察技术利用机载传感器获取情报信息、进行信息融合和综合处理的技术,得到各种信息的内在联系和规律,实现全天候、中/高分辨率成像,具有目标跟踪和识别能力。发展趋势:2015 年,多光谱和超光谱以及多传感器信息融合技术(TRL5 级)、高分辨率合成孔径雷达技术(TRL6 级)、主动电扫描阵列雷达技术(TRL3 级)。2020 年,多光谱和超光谱以及多传感器信息融合技术(TRL5 级)、主动电扫描阵列雷达技术(TRL5 级)。

——火力打击技术

火力打击技术指以信息技术为支撑,利用无人机机载武器进行火力打击,用于制导、目标识别和精确定位。发展趋势:2015 年,光电、红外、雷达多模制导技术(TRL3 级),目标识别和精确定位技术(TRL4 级)。2020 年,光电、红外、雷达多模制导技术(TRL5 级),目标识别和精确定位技术(TRL5 级)。

9.2　巡航导弹装备技术体系实例

导弹是依靠自身动力装置推进,由制导系统导引、控制其飞行路线,并导向目标,以爆炸或直接撞击的方式将目标毁伤的武器。巡航导弹是导弹的一种,它属于远程飞航式导弹,所以其组成与其他导弹一样,有战斗部、推进系统、飞行控制系统和弹体等部分。巡航导弹导弹装备覆盖制导技术、弹头技术、材料工艺技术和推进技术等多个技术领域,以下对导弹装备技术体系进行实例研究。

9.2.1　巡航导弹装备概述

以"战斧"式巡航导弹为研究对象,分析该型装备技术体系,辨析巡航导弹的技术组成和技术发展趋势。通过对多种巡航导弹装备发展现状和发展趋势的资料调研,以把握技术体系设计已有基础,界定装备技术体系研究所针对的装备对象。装备发展现状与趋势分析的方法主要是资料调研和专家评判,资料调研的对象是巡航导弹装备相关的文献。

1. 巡航导弹装备发展现状

巡航导弹与普通的轰炸机和弹道导弹相比,具有突防能力强、制导精度高、通用性强和效费比高等特点。同时,在海湾战争和科索沃战争中,美军"战斧"巡航导弹取得了较好效果。巡航导弹由于在实战中的出色表现,已得到许多国家的认可,并把巡航导弹的发展作为增强其军事实力的砝码,美国、俄罗斯、法国、英国、德国、印度等都在大力研制、装备巡航导弹(表9.6)。

表9.6　国外典型巡航导弹

国家	主要巡航导弹型号
美国	"战斧"式巡航导弹(BGM - 109) AGM - 86C 空射巡航导弹 AGM - 129 空射战略巡航导弹 "斯拉姆"等
俄罗斯	"阿尔法" "宝石" X - 101 等
法国	SCALP
英国	"飙影"
印度	"布拉莫斯"

以美国研制的"战斧"式巡航导弹为例。"战斧"导弹系列有3种型号。战斧导弹射程 2500km,导弹长 6.17m,弹径 527mm,从发射到转入巡航状态时间约 1min,海上可在 7~15m 高度飞行,陆地可在 60m 以下高度飞行,可躲避敌舰或雷达搜索系统,还可自行改变高度和速度进行高速攻击。

导弹壳体呈圆筒状,其首部带拱形整流罩,弹翼位于机身中央部位,稳定翼位于尾部,壳体用坚固的铝合金、石墨环氧塑料等材料制成,弹身和稳定翼均有隐蔽层,以防被雷达发现。发射方式采用二节推进的固态燃料火箭发动机。弹头装有穿甲战斗部、子母式战斗部等,制导方式采用 GPS/惯性复合制导、地形匹配制导等多种方式。

美军非常重视对"战斧"导弹综合系统的使用。该导弹装备近百艘战舰上(其中包括核潜艇)。用"战斧"导弹武器装备舰船的同时,美海军制定了大规模发展和完善海基战斧导弹的计划。

2. 巡航导弹装备发展趋势

目前,从各国对巡航导弹的研制看,巡航导弹正向提高精度、缩短任务规划时间、提高作战使用灵活性、多平台发射、抗干扰等方向发展,未来亚声速巡航导弹将依靠超低空飞行和应用隐形技术提高突防能力。一些军事强国,特别是美国正在大力发展超声速和高声速巡航导弹,从而使未来的巡航导弹具备高速、远程、精确打击能力。

在制导控制方面,全球定位系统制导和自动寻的制导相结合。巡航导弹主要有惯性制导、地形匹配制导、全球定位系统制导、景象匹配制导等制导方式,目前各国在研的巡航导弹主要采用全球定位系统进行中段制导,并在接近目标时使用自动寻的系统进行末制导。如美国海军由"鱼叉"低空战略反舰导弹改进而成的"斯拉姆"防区外对地攻击型巡航导弹的中段使用全球定位系统制导;俄罗斯的"阿尔法"巡航导弹中段使用全球定位系统制导,采用抗干扰的多频雷达自动制导系统进行末制导。法国的未来反舰巡航导弹,接近目标时也使用自动寻的雷达进行末制导;德国的"金牛座"空地巡航导弹,中段采用全球定位系统制导,接近目标时使用红外线图像末制导。

在导弹推进方面,飞行速度高速化。随着巡航导弹在战场上的应用,反导弹等拦截系统应运而生。提高巡航导弹的速度是降低拦截武器拦截概率的主要途径之一,因此,许多国家正在积极研制超声速和高超声速巡航导弹。俄罗斯正在开发研制的超声速"宝石"对舰巡航导弹,助推火箭使用固体燃料,主发动机使用了液体燃料冲压喷气发动机,最高时速将达 2～2.5Ma。法国正在研制的反舰巡航导弹的飞行速度可达 2.5～3Ma,美军正在研制的空射巡航导弹的飞行速度达 6Ma。

在战斗部方面,采用多种战斗部,满足打击不同目标的需要。为了满足打击不同性质目标的需要,未来巡航导弹将采用多种战斗部,对目标既可实施硬摧毁,又能实施软杀伤。美国的"战斧"IV型巡航导弹可以采用 6 种战斗部:核弹头、子母弹战斗部、碳纤维战斗部、大功率微波战斗部、常规钝感高能炸药战斗部、反生物和化学毒剂战斗部。

在发射平台方面,采用多平台发射,增强通用性。巡航导弹在开始研制时是针对某一特定飞机(舰船、潜艇)设计的,它只能由某一类型的作战飞机(舰船、潜艇)携带发射,这就极大地限制了巡航导弹的使用范围。为增强巡航导弹的通用性,一种巡航导弹能为多种飞机(舰船或潜艇)共享(携带发射)。各国在研制新型巡航导弹时,注重考虑了这方面的因素。美国由"斯拉姆"改造而成的"斯拉姆 - ER"巡航导弹,就可由 F/A - 18C/D"大黄蜂"、F/A - 18E/F"超级大黄蜂"和 P - 3C"猎户座"等飞机携带发射。英国于 2002 年开始装备部队的"飚影"巡航导弹可用空军的"狂风"GB4 垂直起降飞机和"欧洲战斗机"2000 等飞机携带发射。法国的SCALP - EG 巡航导弹能装备在"幻影"2000D 和"阵风"等战斗机上。巡航导弹除了能够多机(舰船、潜艇)共享,还能够从陆基、海基、空基和潜基发射,以形成强大的战斗威力。美国的"斯拉姆"巡航导弹可以从空中和舰艇等作战平台上发射;俄罗斯的"宝石"巡航导弹在舰艇、潜艇、飞机和陆地上均可以发射。

在攻击模式方面,自动选择飞行路线,待机攻击。美国海军研制的新型"战术战斧""战斧"IV 巡航导弹具有先进的待机攻击能力。

——重新选择目标,待机攻击。"战斧"IV 巡航导弹最突出的优点是既能对预定目标进行攻击,又能根据指令(如果目标或任务发生变化)在飞行距离不超过400km 的战场上空盘旋 2h,从卫星、飞机、无人机或海军陆战队的岸上探测器接收重新瞄准和定位数据,在前方空中控制员发出指令后迅速发起攻击。

——准备工作简单,时间短。"战斧"IV 巡航导弹采用惯性 + 全球定位系统复合制导,或者再加红外成像或改进的景象匹配末制导以提高精度,由于取消了地形匹配制导,极大地减少了规划任务时的数据量,加上改进后的任务规划系统工作速度的加快,可使任务规划的时间从几十小时缩短到仅 1 分多钟。

——高度的战术灵活性。飞行中的"战斧"Ⅳ巡航导弹能在前方空中控制员的指挥下改变方向,攻击其他目标,且能携带多种战斗部,攻击多种目标。如携带智能反装甲子弹药,用于摧毁集群装甲目标;携带综合效应子弹药,攻击机场和防空阵地,携带钻地弹头,攻击加固的和深入地下的目标,还能用于攻击弹道导弹发射车和指挥控制车等目标。

——可进行毁伤评估。在"战斧"Ⅳ弹头的顶端安装有前视电视摄像机,通过观察导弹接近目标的方式和碰撞前的最后一帧画面,指挥官可以确认是否命中目标;第二枚导弹还可以检测第一枚导弹的攻击效果,因此指挥官可以迅速决定是否再次进行攻击或转而攻击其他目标。

在平台设计方面,采用隐身技术。随着隐身技术在军事领域的广泛应用,隐身飞机、隐身战舰相继问世。为达到打击的突然性,降低敌方的拦截概率,采用隐身技术的巡航导弹应运而生。英国的"飚影"巡航导弹为了降低对方的拦截概率,采用了红外隐身技术。俄罗斯最近研制出了采用独特隐身技术的 X–22 隐身巡航导弹,雷达反射截面积不足 $0.01 m^2$,在雷达显示器上,很难搜寻到它的踪影。该导弹的外形如同细长的鲨鱼,能贴着水面超低空飞行,并能自动绕过障碍,具有极强的机动能力,目前世界上的任何歼击机和防空武器都对它束手无策。X–22 巡航导弹的射程为 5000km,攻击精度为 6~9m。

9.2.2　技术结构分解

按照装备技术结构分解的主要步骤,从装备结构分解、分系统到技术映射、技术体系设计的流程进行导弹装备技术体系的设计。

1. 巡航导弹装备结构分解

根据战斧式巡航导弹的系统组成(图 9.6),武器装备体系的五种常见任务能力要素,即打击力、保障力、机动力、信息力和控制力,建立巡航导弹装备的任务能力与各分系统之间的对应关系。

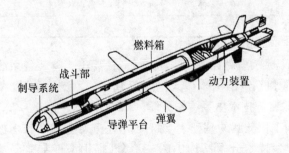

图 9.6　战斧式巡航导弹系统及各分系统构成

巡航导弹系统指由导弹平台、动力装置、制导系统、指挥控制、战斗部以及地面保障等分系统组成的装备系统。对照装备体系的装备结构层级要素,巡航导弹系统的装备结构层级可定为平台级。通过对巡航导弹系统的任务能力分解,采用基于功能的工作分解结构方法(FBS),将巡航导弹系统从平台级到单元级进行二级分解。此外,单元级装备结构是指具有独立功能的武器实体单元。根据对巡航导弹系统各个分系统的研究分析,得到巡航导弹系统任务能力到单元级装备的分解结构,见表9.7。

表9.7　巡航导弹任务能力到单元级装备的分解

任务能力	具体功能	对应的分系统	单元级装备
机动力	投送功能	导弹平台	导弹总体气动
			导弹材料结构
			导弹发射系统
			导弹突防系统
			导弹隐身设计与系统
	动力功能	动力装置	发动机机体
			进排气
			燃料供应
			发动机控制
信息力	精确制导功能	导航制导系统	卫星导航
			惯性导航
			复合导航
打击力	战斗部	弹头	贯穿战斗部
			子母战斗部
			核战斗部
控制力	指挥控制功能	指挥控制系统	任务规划
			指令控制
			飞行操纵
			数据链
保障力	暂不考虑		

通过对巡航导弹武器装备体系结构分解,梳理出5类装备系统和18项单元级装备,得到巡航导弹系统结构体系,如图9.7所示。

2. 巡航导弹装备技术体系结构分解

在基于TBS工作分解的基础上,综合已有巡航导弹装备技术框架,将巡航导弹装备总体设计作为技术分解结构中的一部分,提出巡航导弹技术体系结构如图9.8所示。

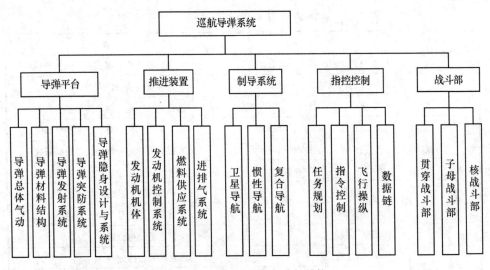

图 9.7　巡航导弹装备分解结构

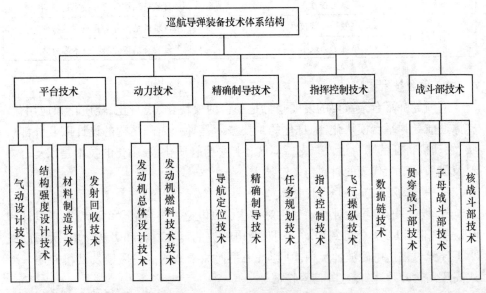

图 9.8　基于 TBS 的巡航导弹系统技术体系方案

9.2.3　技术预见选择

按照巡航导弹装备的生存能力、载荷能力、敌我识别能力等方面的要求,基于 TBS 技术要素得到的装备技术体系方案,综合各类发展中的巡航导弹装备及其技术,可以得到表 9.8 所示的优化后的巡航导弹装备技术体系设计方案。对包括平台技术、动力技术、精确制导技术、指挥控制技术、战斗部等进行预见和选择。

表 9.8　巡航导弹装备技术要素设计筛选和补充

领域	技术	说明
平台技术	1. 气动/结构/隐身设计技术	来自装备结构分解和技术趋势研究
	2. 材料与制造技术	来自装备结构分解和技术趋势研究
	3. 多平台发射技术	来自装备结构分解和技术趋势研究
动力技术	4. 发动机结构强度设计技术	来自装备结构分解和技术趋势研究
	5. 高效率高比冲发动机技术	来自装备结构分解和技术趋势研究
	6. 高超声速发动机技术	来自装备结构分解和技术趋势研究
精确制导技术	7. 导航定位技术	来自装备结构分解和技术趋势研究
	8. 精确制导技术	来自装备结构分解和技术趋势研究
指挥控制技术	9. 任务规划技术	来自装备结构分解
	10. 指令控制技术	来自装备结构分解
	11. 飞行操纵技术	来自装备结构分解
	12. 数据链技术	来自装备结构分解和技术趋势研究
战斗部技术	13. 高效战斗部技术	来自装备结构分解和技术趋势研究
	14. 精确杀伤技术	来自装备结构分解和技术趋势研究

1. 平台技术

巡航导弹平台最重要的发展趋势是平台的模块化、隐身化、轻质化和通用化。支撑巡航导弹平台模块化、隐身化的主要技术是导弹内部结构的设计以及外部形状、发动机特征的隐身设计。支撑巡航导弹平台轻质化、通用化的技术是以复合材料及成型加工为代表的材料与制造技术。

——气动/结构/隐身设计技术

气动/结构/隐身设计技术利用对雷达探测电磁波进行散射的独特外形设计和S形进气道,以及弹体和翼面均采用吸收电磁波的复合材料和吸波涂料,大幅度减小了导弹对雷达电磁波的反射。同时,采用耗油率低的涡轮风扇发动机并用气冷式高压涡轮叶片,降低红外信号特征。

——材料与制造技术

材料与制造技术利用是支撑巡航导弹轻质化、高精度、高可靠、低目标、低成本的支撑技术。巡航导弹的上述需求带动了低成本结构、耐高温结构、结构/功能一体化复合材料的迅速发展。巡航导弹各分系统采用的材料多达数十种。目前,从发展上看,巡航导弹弹体结构的材料与制造技术主要关注耐高温、高强度金属基和聚合物基材料技术以及相应的整体成型工艺。如"战斧"式巡航导弹早已使用了整体成型工艺,取消了大量紧固件,降低质量。

——多平台发射技术

导弹发射技术是导弹装备投送的重要关键技术。陆、海、空、水下多平台发射是巡航导弹进行投送的主要方式。支撑巡航导弹多平台发射的技术包括灵活的导弹火控模块设计技术,以及发射平台、发射装置与导弹装备本身的兼容性设计技术。

2. 动力技术

动力技术是实现巡航导弹长程化、高速化的支撑技术。目前,亚声速飞行的巡航导弹多采用推重比和比冲高的小型涡轮风扇发动机。例如"战斧"Block IV 采用先进的 F107 – WR – 402 型小型涡轮风扇发动机,射程为 1667km(舰射型)或 1127km(潜射型),巡航速度 0.72 马赫。同时,近年来,高超声速巡航导弹发展迅速,主要采用超燃/亚燃冲压发动机技术。

——发动机结构强度设计技术

巡航导弹以高速飞行、过载大时,对弹体的强度要求很高。尤其是高超声速巡航导弹,弹体与冲压发动机的一体化技术是最后确立整弹特性的最为关键的问题。目前,高超声速导弹采用的是轴对称中心锥进气道无翼布局,弹体采用钛合金和陶瓷基材料等铸造。

——高效率高推重比发动机技术

高效率高推重比发动机技术目前的发展趋势是采用小型化组合循环涡扇发动机发动机、轻质弹体结构材料和高能量密度燃料,如碳浆和硼浆。这些技术可以使巡航导弹射程在现有基础上增加一倍,达到 4000km 左右,实现洲际巡航导弹打击能力。

——高超声速发动机技术

以超燃冲压发动机技术为代表的高超声速发动机技术使得巡航导弹不需要自带氧化剂,获得 5 马赫以上的高超声速飞行,航程更远、结构重量更轻、性能更优越。如美军 HyFly 高超声速飞行平台,测试了工作在高超声速的全集成双燃烧室冲压发动机,速度达 6 马赫。

3. 导航与制导技术

巡航导弹的精确打击优势来源于先进的导航定位和精确制导技术。射程 2500～3000km 的巡航导弹,命中误差不大于 60m,精度好的可达 10～30m。导航定位和精确制导技术是其中的关键。

——导航定位技术

惯性 + 卫星导航是巡航导弹飞行中段采用的主要制导方式。因此,惯性导航和卫星导航定位在巡航导弹飞行导引中具有重要角色。惯性制导是利用惯性原理控制和导引导弹(或运载火箭)方向目标的技术。光纤陀螺仪和微机电陀螺仪是惯性导航技术的发展趋势。卫星导航定位则主要发展更高的静态/动态制导精度,未来可达 3m 左右。

——精确制导技术

巡航导弹发射后先由 GPS/INS 制导,能准确地获知攻击目标的经度、纬度和海拔高度,在距目标 1.6km 时,再切换成红外成像/雷达制导,开始进入机动飞行状态,将导弹精确制导到目标。未来,巡航导弹末制导将主要采用红外成像制导或雷达(毫米波、合成孔径)制导或者两者结合的复合制导体制。

4. 指挥控制技术

——任务规划技术

未来的巡航导弹可能采用惯性加 GPS 加红外成像制导,由于消除了以往地形匹配和景象匹配系统,进行任务规划时就不需要大量的图像。通过采用新的制导系统和先进的制导软件,未来巡航导弹的 CEP 将降至 3m 以内,任务规划时间能从几小时缩短到几分钟。通过选用不同的弹头,可以攻击多种高价值目标。

——数据链技术

基于卫星通信的数据链技术使得巡航导弹能够在飞行中利用通信链路交换数据,能识别特定目标和进行毁伤评价。如果原定目标被摧毁,能够重新选择航线攻击备选的目标,从而显著增强作战效能。

5. 战斗部技术

导弹战斗部是毁伤目标的专用装置。目前导弹战斗部技术包括打击地下目标和硬目标的侵彻技术等高效战斗部技术、实现攻击多目标和攻击机动目标的能力的智能弹药技术等。例如,"战斧"Block 3 的 C 型装备 454kg 钝感炸药的 WDLL - 36/B 钛金属壳体单一常规穿甲弹头,战斗部穿透坚硬目标能力和精度提高。D 型内装有 166 个 BLU - 97B 霰弹式子母弹头,其中有破甲弹、破片弹和燃烧弹三类,每个子弹重 1.54kg,分装于 24 个投射器内。

——高效战斗部技术

高效战斗部技术主要通过研发释能密度更高、侵彻能力更强的战斗部,提高巡航导弹的杀伤效能。高效战斗部技术包括高含能反应材料、战斗部爆炸机理等技术。

——智能灵巧弹药技术

巡航导弹采用智能灵巧弹药技术的反装甲型号,能依靠自身的制导系统,有选择地攻击目标,每枚导弹可携带 16 个子弹头,可探测并摧毁装甲目标的弹头,对坦克装甲较薄弱的顶部实施攻击。

9.2.4 体系产品生成

根据装备技术体系结构和装备技术要素结构设计的结果,依据装备技术体系规划中装备技术项目阶段划分与技术要素成熟度的关系,结合技术要素的发展趋势和技术成熟度,以示范为主,描绘如表 9.9 所示的装备技术体系规划视图。

表 9.9　巡航导弹装备技术体系规划视图

项目类型	2015 年	2020 年
基础研究 （TRL1~2）	- 亚燃冲压发动机技术 - 碳浆/硼浆高能量密度燃料发动机技术 - 高超声速气动条件下导弹应力理论 - 合成孔径雷达制导技术 - 射后任务再规划技术	- 等离子体隐身设计技术
应用基础 （TRL2~4）	- 超燃冲压发动机技术 - 微机电陀螺仪技术 - 下一代卫星导航技术 - 毫米波雷达制导技术 - 多攻击模式快速任务规划技术 - 弹-星上下快速通信链路技术 - 氮基高含能反应材料 - 高超巡航导弹外形整体设计技术 - 高超声速气动条件下导弹应力理论 - 灵活的导弹火控模块设计技术 - 发射平台、发射装置与导弹装备兼容性设计技术 - 满足导弹 CEP 小于 20m 的高精度光纤陀螺仪技术 - 基于数据链的导弹控制技术	- 射后任务再规划技术 - 高超声速气动条件下导弹应力理论 - 亚燃冲压发动机技术 - 合成孔径雷达制导技术 - 智能目标与攻击模式优化选择技术 - 制导子弹头小型化 - 碳浆/硼浆高能量密度燃料发动机技术
关键技术 （TRL4~5）	- 雷达和红外信号抑制 - 通用型巡航导弹模块化结构设计技术 - 高超巡航导弹外形整体设计技术 - 耐高温、高强度金属基材料及整体成型技术 - 聚合物基材料技术及整体成型工艺发动机结构设计与材料 - 基于虚拟样机的系统设计与组装技术 - 满足导弹 CEP 小于 20m 的高精度光纤陀螺仪技术 - 智能目标与攻击模式优化选择技术 - 弹上数据链部件集成技术 - 基于数据链的导弹控制技术 - 贯穿/集群战斗部爆炸机理 - 子弹头布撒器技术	- 高超巡航导弹外形整体设计技术 - 灵活的导弹火控模块设计技术 - 发射平台、发射装置与导弹装备兼容性设计技术 - 轻质弹体结构材料 - 下一代卫星导航技术 - 红外焦平面阵列制导技术 - 毫米波雷达制导技术 - 多攻击模式快速任务规划技术 - 弹上数据链部件集成技术 - 弹-星上下快速通信链路技术 - 基于数据链的导弹控制技术

项目类型	2015 年	2020 年
开发与验证 （TRL5～6）	- 通用型巡航导弹模块化结构设计技术 - 耐高温、高强度金属基材料及整体成型技术 - 聚合物基材料技术及整体成型工艺 - 发动机结构设计与材料 - 智能目标与攻击模式优化选择技术 - 贯穿/集群战斗部爆炸机理 - 子弹头布撒器技术	- 耐高温、高强度金属基材料及整体成型技术 - 聚合物基材料技术及整体成型工艺 - 发动机结构设计与材料 - 基于虚拟样机的系统设计与组装技术 - 满足导弹 CEP 小于 20m 的高精度光纤陀螺仪技术 - 贯穿/集群战斗部爆炸机理 - 子弹头布撒器技术

在技术要素方案的基础上，根据技术内容、技术成熟度和预测时间等要素，通过对国防科技发展战略、巡航导弹技术发展战略资料的调研，获取巡航导弹技术要素的具体信息。

——气动/结构/隐身设计技术

气动/结构/隐身设计技术利用对雷达探测电磁波进行散射的独特外形设计和S 形进气道，以及弹体和翼面均采用吸收电磁波的复合材料和吸波涂料，大幅度减小导弹对雷达电磁波的反射。同时，采用耗油率低的涡轮风扇发动机并用气冷式高压涡轮叶片，降低红外信号特征。发展趋势：2015 年，雷达和红外信号抑制（TRL5）、通用型巡航导弹模块化结构设计技术（TRL5）、高超巡航导弹外形整体设计技术（TRL4）；2020 年，等离子体隐身设计技术（TRL2）、高超巡航导弹外形整体设计技术（TRL5）。

——材料与制造技术

材料与制造技术主要关注耐高温、高强度金属基和聚合物基材料技术和相应的整体成型工艺。发展趋势：2015 年，耐高温、高强度金属基材料及整体成型技术（TRL5）、聚合物基材料技术及整体成型工艺（TRL5）；2020 年，耐高温、高强度金属基材料及整体成型技术（TRL6）、聚合物基材料技术及整体成型工艺（TRL6）。

——多平台发射技术

多平台发射技术包括灵活的导弹火控模块设计技术，以及发射平台、发射装置与导弹装备本身的兼容性设计技术。发展趋势：2015 年，灵活的导弹火控模块设计技术（TRL3）、发射平台、发射装置与导弹装备兼容性设计技术（TRL3）；2020 年，灵活的导弹火控模块设计技术（TRL5）、发射平台、发射装置与导弹装备兼容性设计技术（TRL5）。

——发动机结构强度设计技术

发动机结构强度设计技术关注高超声速巡航导弹，弹体与冲压发动机的一体化技术,包括高超声速气动条件下导弹应力理论、发动机结构设计与材料、基于虚拟样机的系统设计与组装技术。发展趋势:2015 年,高超声速气动条件下导弹应力理论(TRL2)、发动机结构设计与材料(TRL5)、基于虚拟样机的系统设计与组装技术(TRL4);2020 年,高超声速气动条件下导弹应力理论(TRL4)、发动机结构设计与材料(TRL6)、基于虚拟样机的系统设计与组装技术(TRL6)。

——高效率高推重比发动机技术

高效率高推重比发动机技术关注洲际巡航导弹采用小型化组合循环涡扇发动机、轻质弹体结构材料和碳浆/硼浆高能量密度燃料发动机技术。发展趋势:2015 年,小型化组合循环涡扇发动机(TRL3)、轻质弹体结构材料(TRL3)、碳浆/硼浆高能量密度燃料发动机技术(TRL2);2020 年,小型化组合循环涡扇发动机(TRL4)、轻质弹体结构材料(TRL5)、碳浆/硼浆高能量密度燃料发动机技术(TRL3)。

——高超声速发动机技术

高超声速发动机技术主要研究超燃、亚燃冲压发动机技术。发展趋势:2015 年,超燃冲压发动机技术(TRL3)、亚燃冲压发动机技术(TRL2);2020 年,超燃冲压发动机技术(TRL4)、亚燃冲压发动机技术(TRL4)。

——导航定位技术

导航定位技术发展光纤陀螺仪、微机电陀螺仪等惯性导航技术,以及下一代卫星导航技术。发展趋势:2015 年,满足导弹 CEP 小于 20m 的高精度光纤陀螺仪技术(TRL4)、微机电陀螺仪技术(TRL3)、下一代卫星导航技术(TRL3);2020 年,满足导弹 CEP 小于 20m 的高精度光纤陀螺仪技术(TRL6)、微机电陀螺仪技术(TRL3)、下一代卫星导航技术(TRL5)。

——精确制导技术

巡航导弹末精确制导技术关注基于焦平面阵列的红外成像制导、毫米波、合成孔径雷达。发展趋势:2015 年,满足导弹 CEP 小于 20m 的红外焦平面阵列制导技术(TRL4)、毫米波雷达制导技术(TRL3)、合成孔径雷达制导技术(TRL2);2020 年,红外焦平面阵列制导技术(TRL6)、毫米波雷达制导技术(TRL5)、合成孔径雷达制导技术(TRL4)。

——任务规划技术

未来的巡航导弹任务规划技术包括多攻击模式快速任务规划技术、射后任务再规划技术、智能目标与攻击模式优化选择技术。发展趋势:2015 年,多攻击模式快速任务规划技术(TRL3)、射后任务再规划技术(TRL2)、智能目标与攻击模式优化选择技术(TRL5);2020 年,多攻击模式快速任务规划技术(TRL5)、射后任务再规划技术(TRL3)、智能目标与攻击模式优化选择技术(TRL4)。

——数据链技术

巡航导弹数据链技术包括弹上数据链部件集成技术、弹-星上下快速通信链路技术、基于数据链的导弹控制技术。发展趋势:2015 年,弹上数据链部件集成技术(TRL4)、弹 – 星上下快速通信链路技术(TRL3)、基于数据链的导弹控制技术(TRL4);2020 年,弹上数据链部件集成技术(TRL5)、弹 – 星上下快速通信链路技术(TRL5)、基于数据链的导弹控制技术(TRL5)。

——高效战斗部技术

巡航导弹高效战斗部关注高效战斗部技术包括氮基高含能反应材料、贯穿/集群战斗部爆炸机理等技术。发展趋势:2015 年,氮基高含能反应材料(TRL3)、贯穿/集群战斗部爆炸机理(TRL5);2020 年,氮基高含能反应材料(TRL4)、贯穿/集群战斗部爆炸机理(TRL6)。

——智能灵巧弹药技术

巡航导弹智能灵巧弹药技术包括制导子弹头小型化、子弹头布撒器技术。发展趋势:2015 年,制导子弹头小型化(TRL3)、子弹头布撒器技术(TRL5);2020 年,制导子弹头小型化(TRL4)、子弹头布撒器技术(TRL6)。

9.3 侦察探测卫星技术体系实例

军用卫星是现代武器装备体系中的重要构成。军事卫星按用途的不同分为侦察卫星、军用通信卫星、军用导航卫星、军用气象卫星、军用测地卫星、预警卫星等。卫星装备覆盖推进技术、空间环境防护技术、测控技术、材料工艺技术和卫星载荷技术等多个技术领域,以下对卫星装备技术体系进行实例研究。

9.3.1 侦察探测卫星概述

以预警侦察卫星为研究对象,辨析卫星装备的技术组成和技术发展趋势。通过对多类预警侦察卫星装备发展现状和发展趋势的资料调研,以把握技术体系设计已有基础,界定预警侦察卫星装备技术体系研究所针对的装备对象。预警侦察卫星装备发展现状与趋势分析的方法主要是资料调研和专家评判,资料调研的对象是预警侦察卫星装备相关的文献。

1. 侦察探测卫星装备发展现状

军用卫星从 20 世纪 50 年代末出现到 90 年代直接参加局部战争,已经发展成为一些国家现代作战指挥系统和战略武器系统的重要组成部分,被喻为现代信息战的军事力量倍增器。

首颗侦察卫星是美国的"发现者"1 号卫星,它于 1959 年 2 月 28 日发射成功。"发现者"1 号是一颗试验性侦察卫星。1960 年 8 月 10 日,美国又发射了"发现者"13 号试验侦察卫星。8 月 11 日,"发现者"13 号接受地面指令控制,弹射出一个装有照相胶卷的密封舱,再入大气层,并在海上回收成功。

目前,美国、俄罗斯、法国、日本、印度等国家已经装备各类侦察卫星达数十颗。表 9.10 对美国目前装备的侦察卫星进行了梳理。

表 9.10　美国目前装备的主要侦察探测卫星

类型	系统型号	性能
红外预警卫星	国防支援计划 （DSP）	提供战略和战术导弹的发射羽焰红外情报，进行导弹预警
	天基红外系统高轨 （SBIRS – High）	提供导弹预警技术情报及战场空间特征信息
	天基红外低轨 （SBIRS – Low）	天基红外低轨计划由 24 颗卫星构成，也称空间跟踪与监视系统卫星（STSS），可利用深空背景下的目标红外特性，对导弹从主动段到再入段的全过程进行跟踪，引导作战拦截
光学侦察卫星	"锁眼" – 12 （KH – 12）	光学照相卫星，分辨率为 0.1m，，轨道高度 200～1000km
	"8×"侦察卫星	光学/雷达成像卫星，轨道高度为 800km
雷达成像卫星	"长曲棍球" （LOCROSS）	雷达成像卫星，分辨率 0.3～1m，轨道高度 700km
信号侦察卫星	"门特" （Mentor）	地球同步轨道电子情报侦察卫星
	"水星" （Mercury）	地球同步轨道电子情报侦察卫星
	"徘徊者" （Prowler）	大椭圆轨道电子情报侦察卫星
	"军号" （Trumpet）	大椭圆轨道电子情报侦察卫星

2. 侦察探测卫星发展趋势

目前，侦察探测卫星主要由红外预警卫星、雷达侦察卫星、光学侦察卫星、信号侦察卫星组成。

导弹预警星是一种以发现、监视、跟踪敌方弹道导弹发射为目的的成像侦察卫星，可提供有关洲际导弹、潜射导弹主动段早期报警，防止突然袭击。美国国防支援计划（ Defense Support Program ，DSP）卫星有效载荷主要包括红外望远镜、高分辨率电视摄像机和天线。天基红外系统（Space Based Infra Red System，SBIRS）是美国正在发展的导弹预警卫星系统。SBIRS 高轨卫星（SBIRS – High）上配有扫描型和凝视型两种红外探测器，SBIRS 低轨卫星（SBIRS – Low）上配有捕获探测器和凝视探测器。高轨卫星上的凝视型红外探测器的一连串敏感单元依次发出信号，根据这些信号就可以推断出导弹的飞行方向和速度。低轨卫星能提供反导防御系统所需的目标跟踪、识别和杀伤评估数据，还能够引导陆基和海基雷达跟踪目标，增加其探测跟踪能力。

雷达侦察卫星搭载 X 波段、L 波段合成孔径雷达,星上雷达直接发射微波信号,然后接收机接收地面反射的微弱信号,加以分析与识别。美国"长曲棍球"(Lacross)军用雷达成像侦察卫星,分辨率达到 0.3m。图像信号由"跟踪与数据中继系统"卫星实时传输,卫星设计工作寿命为 8 年,分辨率达到 0.3m。未来雷达侦察卫星的发展趋势是:多参数(多频段、多极化和多视角)、小型化、分布 SAR,干涉 SAR 成像、地面运动目标显示,增加成像带宽、提高 SAR 图像分辨率等。

光学侦察卫星依靠星载的可见光照相设备、红外摄影设备以及光电遥感设备等从外层空间对所覆盖的地面、海上等目标进行实地拍照。侦察设备包括可见光相机、多光谱扫描仪。光学照相卫星进行侦察,在光照条件很好的情况下,能够得到分辨率很高的像片。美国"锁眼"KH – 11、"锁眼"KH – 12 系列卫星属于第五、第六代卫星,都是数字图像实时传输型摄影侦察卫星。星载设备有 CCD 相机、高分辨率的电视摄像机和侧视雷达。"KH – 12"卫星分辨率可达 0.1m,可识别地面上的坦克类型,计算坦克以及部队人员的数量,设计工作寿命为 8 ~ 12 年。

电子侦察卫星就是通过无线电接收与检测设备等获取对方指挥通信频率,以及工作方式等参数,以便窃听指挥通信、联络等内容,同时,通过电子侦察,获得防御体系情况,如防御雷达的频率等。电子侦察卫星星上设备主要有大功率无线电信号接收机、信号处理机、信息记录机等。

9.3.2　技术结构分解

1. 侦察探测卫星装备结构分解

根据如图 9.9 所示的卫星分系统构成,以及武器装备体系的五种常见任务能力要素,即打击力、保障力、机动力、信息力和控制力,建立预警卫星装备的任务能力与各分系统之间的对应关系。

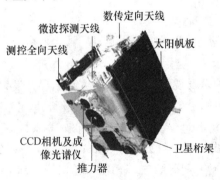

图 9.9　卫星系统及各分系统构成

卫星由结构、热控制、姿态控制、测控、数据管理和电源等基本分系统组成。对照装备体系的装备结构层级要素,侦察探测卫星系统的装备结构层级可定为平台级。通过对侦察探测卫星系统的任务能力分解,采用基于功能的工作分解结构方法(FBS),将侦察探测卫星从平台级到单元级进行二级分解。此外,单元级装备结构是指具有独立功能的武器实体单元。根据对侦察探测卫星各个分系统的研究分析,得到侦察探测卫星任务能力到单元级装备的分解结构,见表9.11。

表9.11 侦察探测卫星装备任务能力到单元级装备的分解

任务能力	具体功能	对应的分系统	单元级装备
机动力	平台功能	卫星结构	卫星总体设计
			卫星结构设计
			卫星热控制
			卫星电源技术
	动力功能	推进系统	卫星电推进系统
			火箭推进系统
信息力	信息功能	预警侦察载荷	光学成像系统
			雷达成像系统
			电子侦察系统
		卫星数据管理	星上计算系统
			星地数据链路
控制力	指挥控制功能	卫星控制系统	卫星测控系统
			卫星姿态控制
			跟踪测轨系统
保障力	保障功能	发射/回收系统	发射系统
			回收系统
打击力	暂不考虑		

通过对侦察探测卫星装备体系结构分解,梳理出5类装备系统和18项单元级装备,得到侦察探测卫星系统结构体系,如图9.10所示。

2. 侦察探测卫星装备技术体系结构分解

在基于TBS工作分解的基础上,综合已有侦察探测卫星装备技术框架,将侦察探测卫星装备总体设计作为技术分解结构中的一部分,提出侦察探测卫星装备技术体系结构如图9.11所示。

9.3.3 技术预见选择

按照侦察探测卫星装备的生存能力、载荷能力等方面的要求,基于TBS技术要素得到的装备技术体系方案,综合各类发展中的预警侦察装备及其技术,可以得到表9.12所示的优化后的预警侦察装备技术体系设计方案。对包括平台技术、动力技术、探测技术、数据管理技术、控制系统技术、发射/回收技术等进行预见和选择。

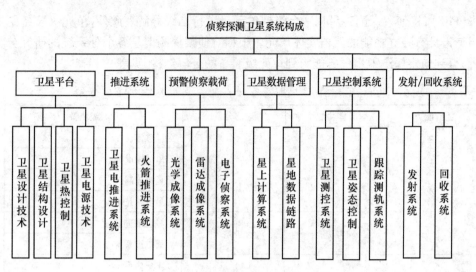

图 9.10　侦察探测卫星装备分解结构

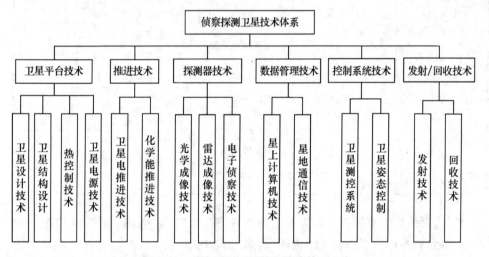

图 9.11　侦察探测卫星装备技术体系方案

表 9.12　预警侦察装备技术要素设计筛选和补充

领域	技术	说明
平台技术	1. 卫星设计技术	来自装备结构分解和装备趋势研究
	2. 卫星结构设计	来自装备结构分解和装备趋势研究
	3. 卫星热控制技术	来自装备结构分解和装备趋势研究
	4. 卫星电源技术	来自装备结构分解和装备趋势研究
动力技术	5. 卫星电推进技术	来自技术趋势研究
	6. 化学能推进技术	来自装备结构分解和装备趋势研究

领　域	技　术	说　明
探测技术	7. 光学成像技术	来自装备结构分解和装备趋势研究
	8. 雷达成像技术	来自装备结构分解和装备趋势研究
	9. 电子侦察技术	来自装备结构分解和装备趋势研究
数据管理技术	10. 星上计算机技术	来自装备结构分解
	11. 星地通信技术	来自装备结构分解
控制系统技术	12. 卫星测控技术	来自装备结构分解和装备趋势研究
	13. 卫星姿态控制技术	来自装备结构分解和装备趋势研究
发射/回收技术	14. 发射技术	来自装备结构分解和装备趋势研究
	15. 回收技术	来自装备结构分解研究

1. 平台技术

侦察探测卫星平台最重要的发展趋势是平台的模块化、隐身化、轻质化和通用化。支撑侦察探测卫星模块化、隐身化的主要技术是卫星内部结构的设计以及外部形状、发动机特征的隐身设计。支撑侦察探测卫星轻质化、通用化的技术是以复合材料及成型加工为代表的材料与制造技术。

——卫星设计技术

卫星设计技术根据卫星执行任务需求以及卫星技术自身发展，确定卫星平台和载荷等系统构成方案的选型和设计。卫星设计技术主要关注大、中、小卫星的寿命、可靠性、生存能力以及微小卫星、星座设计技术等。

——卫星结构设计

卫星的结构为卫星各分系统和有效载荷提供机械支撑。结构分系统由承力结构、外壳结构和某些功能结构组成。在设计卫星结构时，应在满足功能要求的前提下，做到质量轻、易加工、成本低、可靠性高。结构质量占航天器总质量的 20% 左右，先进的结构设计可将质量百分比降至 10% 甚至更低，因此结构设计的潜力较大。卫星的质量每降低 1kg，运载器的质量就可降低 200～300kg，可节省巨额发射费用。

——卫星热控制技术

卫星热控制技术包括卫星热设计、热防护和散热控制等，将卫星载荷产生的功率热量散发到空间，其任务是卫星在轨运行阶段中控制卫星内外的热交换过程，使卫星各部位和仪器工作温度处于要求范围之内。热控制技术包括热控制涂层、热管绝热材料、热辐射器和恒温器技术等。

——卫星电源技术

卫星的电源分系统的功能是产生、存储、变换、调节和分配卫星上的电能。卫星电源分为化学电池、太阳能电池、燃料电池及核电源等。电源系统为卫星上各分系统提供能源,它是卫星正常工作的重要保证条件。当前和未来一段时间,卫星的电源分系统主要采用高效率太阳能电池板、燃料电池甚至同位素温差电池。

2. 动力技术

侦察探测卫星平台最重要的发展趋势是平台的模块化、隐身化、轻质化和通用化。支撑侦察探测卫星模块化、隐身化的主要技术是卫星内部结构的设计以及外部形状、发动机特征的隐身设计。支撑侦察探测卫星轻质化、通用化的技术是以复合材料及成型加工为代表的材料与制造技术。

——卫星电推进技术

卫星电推进技术利用卫星电源的电能在电推力器内将推进剂转化成(高温和高速喷射气体)动能。卫星电推进技术包括电热喷气推力和等离子体推进。电热式推力技术通过在卫星推力室中在推力室喉部附近产生电弧,电弧使流过的液体或气体加热,喷出推力室产生推力。洛克希德·马丁公司研制的 A210 系列电热式推力器采用肼为推进剂,比冲高达 500 ~ 600s。等离子发动机通过强电场加速离子,并喷出电离室产生推力。休斯公司 HS702 平台比冲达 3800s,每年仅需 5kg 推进剂。

——化学能推进技术

卫星化学能推进技术是目前卫星推进和姿态调整所采用的主要技术。例如,欧洲大型通信卫星平台 Alphabu 的化学推进系统使用氦气增压系统和双组元推进剂(MMH 和 MON－3),以及可以装填 300 ~ 4200kg 推进剂的贮箱,还包括 16 个推力器和 1 台 500N 远地点发动机。

3. 探测技术

侦察探测卫星的探测技术包括包括光学探测技术(红外、可见光、多光谱)、雷达探测和电子侦察技术等。这些探测技术,物化为各种侦察探测卫星任务载荷,以执行具体预警侦察任务。

——光学探测技术

侦察探测卫星所采用的光学探测技术包括红外、可见光、多光谱等探测器。美红外探测技术以多元红外焦平面阵列成像仪为主。美国天基红外系统采用 24000 单元组成线阵列和面阵列凝视成像焦平面红外探测器。可见光探测技术采用高分辨率 CCD 相机,KH－12"锁眼"卫星 CCD 相机地面分辨率达到 0.1m。多光谱等探测器采用多/超光谱扫描仪,如美军 TacSat－3 卫星多光谱探测器光谱分辨率可达纳米级,地面分辨率为 5m。

——雷达探测技术

雷达探测技术主要是发现、跟踪、定位和识别目标,而从目标的物理状态来区分运动目标、静止目标(停止的坦克或车辆等)和固定目标(导弹发射架或建筑物等)。对于运动目标主要应用目标多普勒频率特性检测运动目标。而对于静止或固定目标的检测手段即是采用实孔径成像、多普勒锐化(DAS)和合成孔径雷达

（SAR）成像等方法,其中 SAR 可以取得高成像分辨率。目前天基侦察雷达的主要作用距离为 200～300km。

——电子侦察技术

卫星电子侦察技术利用无线电侦察设备测量、分析无线电辐射源的特征参数,利用侦收设备截获和分析无线电内涵,测定辐射源的地理位置,从而获取通信情报和电子情报。俄罗斯"处女地"2 电子情报卫星的轨道高度为 850km,可对 30GHz以下雷达和通信信号进行截获、定位。

4. 数据管理技术

卫星数据管理系统又称星务管理系统,是随电子技术、计算机技术的发展和适应空间技术、测控技术不断发展的要求而产生的。卫星数据管理系统为卫星导航、故障监视、命令处理、有效载荷管理和信息传输等提供服务,核心是星上计算机技术和星地通信技术。

——星上计算机技术

星上计算机技术对卫星遥控指令、时间基准、仪器测量数据进行分析、计算、处理并存储,根据需要向用户发送。星上计算机技术在计算高性能、高存储基础上,尤其关注空间环境下计算容错、冗余备份、多通道处理和强实时的性能要求。

——星地通信技术

星地通信技术利用上、下行信道,将航天器测控信息和地球站测控信息连为一体,构成通信、测控大系统,进而可实现卫星数据交互和在轨运行管理。卫星星地通信技术包括通信编码和通道接口、卫星通信天线以及通信对抗技术等。

5. 控制系统技术

卫星的控制包括卫星测控、轨道控制与姿态控制等方面。轨道控制主要指变轨控制和轨道维持,即利用卫星上的动力装置,调整卫星轨道要素,使卫星运行轨道的偏差限制在给定范围内。卫星控制系统技术包括卫星测控技术、卫星姿态控制技术等。

——卫星测控技术

卫星测控技术是遥测、遥控和跟踪测轨技术的总称。随着空间电子技术的发展,遥测、遥控、跟踪测轨系统,甚至包括通信、数据传输等系统越来越向综合系统发展,共同使用发射机、接收机和天线等星上设备,可降低星上电子系统的体积、质量和功耗,并减少卫星成本。当前,世界各国普遍使用 S 频段测控通信系统。

——卫星姿态控制技术

卫星姿态控制技术包括姿态敏感器技术和姿态调整系统技术。姿态敏感器技术分为光学敏感器、惯性敏感器、磁敏感器和射频敏感器四类。姿态调整系统技术通过姿态调整执行机构,如气体喷管或微调火箭,向外喷射出由推进剂产生的高速气体,产生推力和控制力矩。

6. 发射/回收技术

卫星发射主要依赖可搭载卫星的运载火箭、航天飞机等运载器。目前,发射运载火箭是卫星发射的主要方式。卫星回收技术在卫星完成任务后,在地面指令引导下通过不断降低轨道,进入大气层并在指定地域实现着陆。

——发射技术

卫星发射技术包括运载火箭技术和卫星搭载技术。这类主要关注卫星搭载技术。目前,卫星搭载技术关注提高发射效益的一箭多星技术,以及提高发射响应速度的星箭一体快速发射技术。

——回收技术

卫星回收技术包括卫星下降轨道设计、姿态调整、再入段热防护、着陆系统以及打捞技术等综合性保障技术。

9.3.4 体系产品生成

根据装备技术体系结构和装备技术要素结构设计的结果,依据装备技术体系规划中装备技术项目阶段划分与技术要素成熟度的关系,结合技术要素的发展趋势和技术成熟度,以示范为主,描绘如表9.13所示的装备技术体系规划视图。

表9.13　侦察探测卫星装备技术体系规划视图

项目类型	2015 年	2020 年
基础研究 (TRL1~2)	– 多任务异构星座组网技术 – 可展开散热板技术 – 发热器件低功耗化技术 – 同位素温差电池技术 – 高比重等离子体推进技术 – 多元红外焦平面阵列成像仪 – 多光谱探测器技术 – 无线电侦察设备测量技术 – 测定辐射源方位技术 – 着陆方位预测和自动标识技术	
应用基础 (TRL2~4)	– 燃料电池技术 – 动目标的多普勒锐化雷达技术 – 卫星通信对抗技术 – 高精度、微型化光学/惯性/磁/射频姿态敏感器技术 – 基于精确推力的多角度高精度姿态调整系统技术 – 大型预警卫星平台技术 – 微小卫星平台技术 – 高强度、轻质化承力结构和外壳设计技术	– 多任务异构星座组网技术 – 同位素温差电池技术 – 动目标的多普勒锐化雷达技术 – 高速通信编码和通道接口技术 – 星箭一体快速发射技术 – 无线电侦察设备测量技术 – 无线电辐射源特征分析技术 – 卫星通信对抗技术 – 基于数据中继卫星的测控技术 – 高精度、微型化光学/惯性/磁/射频姿态敏感器技术

项目类型	2015 年	2020 年
基础研究 （TRL1～2）	- 卫星舱优化设计技术技术 - 热控制涂层技术 - 高效率太阳能电池板 - 高比重电热喷气推力技术 - 多次点火箭技术 - 高压冷/热反推力喷气装置技术 - 分辨率为 3m 的高分辨率 CCD 相机 - 高分辨率合成孔径雷达（SAR）成像雷达技术 - 无线电辐射源特征分析技术 - 高容错、多通道处理、低功耗高性能星上计算机技术 - 高速通信编码和通道接口技术 - 轻型化、高增益、可折叠卫星通信天线 - 星地间高带宽、安全型测控技术 - 基于数据中继卫星的测控技术 - 星箭一体快速发射技术 - 再入段热防护技术	- 基于精确推力的多角度高精度姿态调整系统技术 - 着陆方位预测和自动标识技术
关键技术 （TRL4～5）		- 高强度、轻质化承力结构和外壳设计技术 - 卫星舱优化设计技术技术 - 热控制涂层技术 - 高效率太阳能电池板 - 高比重电热喷气推力技术 - 多次点火箭技术 - 高压冷/热反推力喷气装置技术 - 地面分辨率为 3m 的高分辨率 CCD 相机 - 高分辨率合成孔径雷达（SAR）成像雷达技术 - 高容错、多通道处理、低功耗高性能星上计算机技术 - 轻型化、高增益、可折叠卫星通信天线 - 星地间高带宽、安全型测控技术 - 星箭一体快速发射技术 - 再入段热防护技术 - 可展开散热板技术

项目类型	2015 年	2020 年
关键技术 （TRL4～5）		— 发热器件低功耗化技术 — 燃料电池 — 多元红外焦平面阵列成像仪 — 多光谱探测器技术
开发与验证 （TRL5～6）		— 大型预警卫星平台技术 — 微小卫星平台技术 — 高效率太阳能电池板 — 一箭多星技术

在技术要素方案的基础上，根据技术内容、技术成熟度和预测时间等要素，通过对国防科技发展战略、侦察探测卫星技术发展资料的调研，获取侦察探测卫星技术要素的具体信息。

——卫星设计技术

卫星设计技术主要关注大、中、小卫星的寿命、可靠性、生存能力以及微小卫星、星座设计技术等。发展趋势：2015 年，大型预警卫星平台技术（TRL3）、微小卫星卫星平台技术（TRL3）、多任务异构星座组网技术（TRL2）；2020 年，大型预警卫星平台技术（TRL5）、微小卫星平台技术（TRL5）、多任务异构星座组网技术（TRL3）。

——卫星结构设计

卫星结构设计包括高强度、轻质化、模块化和多用途承力结构、外壳结构设计和卫星舱优化设计技术。发展趋势：2015 年，高强度、轻质化承力结构和外壳设计技术（TRL3）、卫星舱优化设计技术（TRL3）；2020 年，高强度、轻质化承力结构和外壳设计技术（TRL5）、卫星舱优化设计技术（TRL5）。

——卫星热控制技术

卫星热控制技术包括热控制涂层、热管绝热材料、热辐射器和恒温器技术等。发展趋势：2015 年，热控制涂层技术（TRL3）、可展开散热板技术（TRL2）、发热器件低功耗化技术（TRL2）；2020 年，热控制涂层技术（TRL5）、可展开散热板技术（TRL4）、发热器件低功耗化技术（TRL4）。

——卫星电源技术

卫星电源技术主要包括高效率太阳能电池板、燃料电池甚至同位素温差电池技术。发展趋势：2015 年，高效率太阳能电池板（TRL3）、燃料电池技术（TRL2）、同位素温差电池技术（TRL2）；2020 年，高效率太阳能电池板（TRL5）、燃料电池（TRL4）、同位素温差电池技术（TRL3）。

——卫星电推进技术

卫星电推进技术包括卫星高比重电热喷气推力技术和高比重等离子体推进技术。发展趋势:2015年,高比重电热喷气推力技术(TRL3)、高比重等离子体推进技术(TRL2);2020年,高比重电热喷气推力技术(TRL5)、高比重等离子体推进技术(TRL4)。

——化学能推进技术

卫星化学能推进技术主要采用多次点火火箭技术和高压冷/热反推力喷气装置技术。发展趋势:2015年,多次点火火箭技术(TRL3)、高压冷/热反推力喷气装置技术(TRL3);2020年,多次点火火箭技术(TRL5)、高压冷/热反推力喷气装置技术(TRL5)。

——光学探测技术

光学探测技术包括多元红外焦平面阵列成像仪、高分辨率CCD相机、多光谱探测器技术。发展趋势:2015年,多元红外焦平面阵列成像仪(TRL2)、地面分辨率为3m的高分辨率CCD相机(TRL3)、多光谱探测器技术(TRL2);2020年,多元红外焦平面阵列成像仪(TRL4)、地面分辨率为3m的高分辨率CCD相机(TRL5)、多光谱探测器技术(TRL4)。

——雷达探测技术

雷达探测技术包括多普勒锐化雷达技术、合成孔径雷达(SAR)成像雷达技术。发展趋势:2015年,针对动目标的多普勒锐化雷达技术(TRL2)、高分辨率合成孔径雷达(SAR)成像雷达技术(TRL3);2020年,针对动目标的多普勒锐化雷达技术(TRL3)、高分辨率合成孔径雷达(SAR)成像雷达技术(TRL5)。

——电子侦察技术

卫星电子侦察技术利用无线电侦察设备测量技术、测定辐射源方位技术和无线电辐射源特征分析技术。发展趋势:2015年,无线电侦察设备测量技术(TRL3)、测定辐射源方位技术(TRL2)、无线电辐射源特征分析技术(TRL3);2020年,无线电侦察设备测量技术(TRL4)、测定辐射源方位技术(TRL3)、无线电辐射源特征分析技术(TRL4)。

——星上计算机技术

星上计算机技术重点关注高容错、多通道处理、低功耗高性能星上计算机技术。发展趋势:2015年,高容错、多通道处理、低功耗高性能星上计算机技术(TRL3);2020年,高容错、多通道处理、低功耗高性能星上计算机技术(TRL5)。

——星地通信技术

卫星星地通信技术包括通信编码和通道接口、卫星通信天线以及通信对抗技术等。发展趋势:2015年,高速通信编码和通道接口技术(TRL3)、轻型化、高增益、可折叠卫星通信天线(TRL3)、卫星通信对抗技术(TRL2);2020年,高速通信编码和通道接口技术(TRL3)、轻型化、高增益、可折叠卫星通信天线(TRL5)、卫星通信对抗技术(TRL4)。

——卫星测控技术

卫星测控技术包括星地间高带宽、安全型测控技术和基于数据中继卫星的测控技术。发展趋势：2015年，星地间高带宽、安全型测控技术（TRL3）、基于数据中继卫星的测控技术（TRL3）；2020年，星地间高带宽、安全型测控技术（TRL5）、基于数据中继卫星的测控技术（TRL4）。

——卫星姿态控制技术

卫星姿态控制技术包括姿态敏感器技术和姿态调整系统技术。发展趋势：2015年，高精度、微型化光学/惯性/磁/射频姿态敏感器技术（TRL2）、基于精确推力的多角度高精度姿态调整系统技术（TRL2）；2020年，高精度、微型化光学/惯性/磁/射频姿态敏感器技术（TRL4）、基于精确推力的多角度高精度姿态调整系统技术（TRL4）。

——发射技术

卫星发射技术主要关注一箭多星技术以及星箭一体快速发射技术。发展趋势：2015年，一箭多星技术（TRL4），星箭一体快速发射技术（TRL3）；2020年，一箭多星技术（TRL6），星箭一体快速发射技术（TRL5）。

——回收技术

卫星回收技术包括卫星下降轨道设计、姿态调整、再入段热防护、着陆系统以及打捞技术等综合性保障技术。其中，需要推动发展的是再入段热防护技术、着陆方位预测和自动标识技术。发展趋势：2015年，再入段热防护技术（TRL3）、着陆方位预测和自动标识技术（TRL2）；2020年，再入段热防护技术（TRL5）、着陆方位预测和自动标识技术（TRL4）。

附表1 装备技术基本描述表

(技术编号:自动生成)

1. 技术来源(打勾)	规划计划□ 技术预见□ 科技情报□ 其他□	
2. 技术分类(打勾)	基础技术□ 应用技术□ 新兴技术□	
3. 技术名称		
4. 领域信息	技术领域	
	技术方向	
	技术子方向	
5. 技术定义(概念,定词描述)		
6. 研究内涵及研究重点(150字)		
7. 技术影响(作用意义,100~200字)		
8. 国内外情况(200字)		
9. 未来10年发展趋势(150字,包含时间节点、技术指标)		
10. 技术辨识信息(关键词)		
11. 支撑本技术发展所需的技术(梳理支撑本技术发展的瓶颈技术、上游技术)		
12. 对装备的支撑(技术对装备支撑,复选打勾) 水面舰艇□ 潜艇□ 战斗机□ 直升机□ 无人机□ 主战坦克□ 步兵战车□ 装甲输送车□ 航天装备□ 导弹□		

附表2 德尔菲调查表

技术名称	专家职称	专家熟悉程度	技术发展现状				我国未来发展			我国发展途径				对军事领域影响					对经济社会发展影响	
			世界当前发展状态	领先国家	我国当前发展状态	我国与世界先进水平比较	5年后预计状态	10年后预计状态	研发基础	技术受限	研发途径	经济可行性	技术风险程度	对新型武器装备研制或现有装备改进的作用	对形成非对称军事能力或提升体系作战能力的作用	未来五年产生重大突破,具有重大带动作用	有望形成新军事能力的新概念技术发动	对解决制约武器装备和国防科技发展瓶颈问题	促进经济发展的影响	提高人民生活质量
	1.院士; 2.正高级; 3.副高级; 4.其他。	1.很熟悉; 2.熟悉; 3.了解; 4.不熟悉	1.原理探索; 2.突破关键; 3.原理样机; 4.工程样机; 5.工程应用	1.美; 2.俄; 3.欧盟; 4.日; 5.其他	1.原理探索; 2.突破关键; 3.原理样机; 4.工程样机; 5.工程应用	1.领先; 2.同步; 3.落后5~10年; 4.落后10年以上; 5.不知道	1.原理探索; 2.突破关键; 3.原理样机; 4.工程样机; 5.工程应用	1.原理探索; 2.突破关键; 3.原理样机; 4.工程样机; 5.工程应用	1.好; 2.较好; 3.中; 4.较差; 5.不知道	1.完全受限; 2.部分受限; 3.不受限; 4.不知道	1.自主; 2.模仿; 3.引进; 4.依托国家; 5.不知道	1.完全可承受; 2.基本可承受; 3.不可承受; 4.不知道	1.可控; 2.基本可控; 3.不可控; 4.不知道	1.高; 2.较高; 3.中; 4.较低; 5.不知道	1.高; 2.较高; 3.中; 4.较低; 5.不知道	1.高; 2.较高; 3.中; 4.较低; 5.不知道	1.高; 2.较高; 3.中; 4.较低; 5.不知道	1.高; 2.较高; 3.中; 4.较低; 5.不知道	1.高; 2.较高; 3.中; 4.较低; 5.不知道	1.高; 2.较高; 3.中; 4.较低; 5.不知道
技术方向1																				

注:专家熟悉程度定义
① 很熟悉:在技术方向有深厚研究积累的专业研究人员。
② 熟悉:在同一技术研究方向开展过研究并且具有一定研究基础。
③ 较熟悉:曾经阅读或听说过该技术,基本清楚该技术的发展前沿和热点,但没有从事过这方面的研究。
④ 不熟悉:对该技术不了解

参考文献

［1］钱学森. 现代科学的结构——再论科学技术体系学［J］. 哲学研究，1982(3)：19.

［2］赵少奎. 现代科学技术体系总体框架的探索［M］. 北京：科学出版社，2011.

［3］温熙森，匡兴华. 国防科学技术论［M］. 长沙：国防科技大学出版社，1995.

［4］杨克巍，赵青松，谭跃进，等. 体系需求工程技术与方法［M］. 北京：科学出版社，2011..

［5］晏湘涛. 军事技术体系结构分析［D］. 国防科学技术大学硕士学位论文，2002，11.

［6］施门松. 论海军装备发展宏观论证一体化［R］. 海军装备研究院，2005，1.

［7］李明，刘澎. 武器装备发展系统论证方法与应用［M］. 北京：国防工业出版社，2000.

［8］赵立军，任昊利，张晓清. 军用装备体系结构论证方法［M］. 北京：国防工业出版社，2010.

［9］常雷雷. 武器装备体系技术贡献度评估方法研究［D］. 国防科学技术大学硕士学位论文，2010，11.

［10］国防大学科研部. 路线图［M］. 北京：国防大学出版社，2009.

［11］DoD Architecture Framework Working Group. DoD Architecture Framework Version 1.5［Z］. US DoD，2007，4.

［12］李明，刘澎. 武器装备发展系统论证方法与应用［M］. 北京：国防工业出版社，2000.

［13］于景元. 钱学森的科学技术体系与综合集成方法［J］. 中国工程科学，2001(11)：12.

［14］李志猛，谈群，董栋. 武器装备体系结构的能力视图［J］. 火力与指挥控制，2011，36(11).

［15］张晓雪，廖良才，杨克巍. 武器装备体系结构项目视图产品设计及开发［J］. 兵工自动化，2011，30(7).

［16］葛冰峰. 基于功能的武器装备体系结构描述方法与工具研究［D］. 国防科学技术大学硕士学位论文，2008，11.

［17］王磊，罗雪山，罗爱民. C4ISR 体系结构服务视图产品描述［J］. 火力与指挥控制，2011，36(11)：5－10.

［18］张迁，闫耀东，陈威. 基于能力的维修装备体系需求分析问题研究［J］. 装甲兵工程学院学报，2011，25(4)：15－18.

［19］周华任，马亚平，郭杰. 基于五力的武器装备作战能力评估模型［J］. 火力与指挥控制，2011，36(2)：11－14.

［20］邓鹏华，毕义明，张欧亚. 军事需求的多层次多视图描述框架［J］. 系统工程与电子技术，2010，32(2)：2380－2384.

［21］任长晟，葛冰峰，陈英武. 武器装备技术体系结构描述方法［J］. 兵工自动化，2010，29(10)：42－46.

［22］张晓雪. 武器装备体系结构项目视图产品开发及应用研究［D］. 长沙：国防科学技术大学，2010：2－8.

［23］姜军. 可执行体系结构及 DoDAF 的可执行化方法研究［D］. 长沙：国防科学技术大学，

2008：19 – 26.

[24] 姜志平．基于 CADM 的 C^4ISR 系统体系结构验证方法及关键技术研究[D]．长沙：国防科学技术大学,2007：7 – 9.

[25] DoD Architecture Framework Working Group. DoD Architecture Framework Version 2.0[Z]. US DoD, 2010.

[26] Ben R Martin. Foresight in Science and Technology. Technology Analysis and Strategic Management,1995.

[27]《技术预测与国家关键技术选择》研究组．从预见到选择—技术预测的理论和实践[M]．北京：科学出版社, 2001.

[28] 吕蔚, 刘书雷．技术预见在国防科技发展远景规划中的应用探讨[C]．2007 国防科技管理学术会议, 2007, 11.

[29] 穆荣平, 任中保, 袁思达,等．中国未来 20 年技术预见德尔菲调查方法研究[J]．科研管理, 2006, 27(1)：1 – 7.

[30] 穆荣平, 任中保．技术预见德尔菲调查中技术课题选择研究[J]．科学学与科学技术管理, 2006, 27(3)：22 – 27.

[31] 崔志明,万劲波,浦根祥, 等．技术预见与国家关键技术选择应遵循的基本原则[J]．科技管理, 2002, 12：9 – 15.

[32] NISTEP REPORT No. 71. The Seventh Technology Foresigh – Future Technology in Japan toward the Year 2030. Section 2：pp121 – 261. Tokyo July 2001：135.

[33] 王金鹏．基于科学计量的技术预见方法优化研究[D]．华中师范大学,2011, 5.

[34] 邱均平．信息计量学[M]．武汉：武汉大学出版社, 2007.

[35] 杨耀武．技术预见学概要[M]．上海：上海科学普及出版社, 2006.

[36]《中国未来 20 年技术预见》研究组．中国未来 20 年技术预见(续)[M]．北京：科学出版社, 2008.

后　记

　　本专著在参与本书编撰的全体人员的共同努力下，在有关专家的指导下，经过两年多不懈努力，几经修改，终于编撰完成。

　　本专著是集体智慧的结晶，在沈雪石提出全书的初步架构后，总装备部武器装备论证中心八室的相关同志对架构提出了许多宝贵意见，经过多轮研讨，全体编撰人员就本书的架构、研究内容、研究重点、创新点等方面的问题提出了具有参考意义的意见和建议。全体编撰人员一致认为，应瞄准为我军装备技术体系设计提供基础理论这一目标，针对当前构建装备技术体系存在的问题，从装备技术体系设计的基本概念出发，对装备技术体系结构、结构设计、装备技术体系设计方法、装备技术体系分析与评估、装备技术预见理论和方法等基本问题进行全面、系统的探讨和论述，力求在方法论上结合目前该领域国内外最新的研究成果，重点突破武器装备技术体系设计和优化方法。所有这些，为全书的顺利完成奠定了重要的基础。

　　本专著在撰写过程中，全体参与人员充分利用国防科技大学所享有的丰富的信息资源优势，同时借助于互联网，检索、搜集到大量可供利用的宝贵资料，包括国内外数十部专著和上千篇文章，这些都对本专著的顺利完成发挥了重要作用，虽然本专著在参考文献中列出了一些书目，但由于数量较多，无法一一列出，在此对它们的作者谨表示衷心的感谢！

　　本专著的完成，还要感谢国防工业出版社，以及国防科技图书出版基金评审委员会的每一位委员，他们的慧眼与共识使本专著得到了国防科技图书出版基金的全额资助。同时衷心感谢国防工业出版社辛俊颖编辑付出的辛勤劳动，在她的指导下，本专著得以按时完成。

　　本专著在撰写过程中得到许多专家和学者的大力支持和帮助，书中许多思想都闪耀他们智慧的光芒。此外，总装备部武器装备论证中心、国防科技大学信息系统与管理学院的许多同志对本专著的完成提供了无私的支持和帮助，在此一并表示诚挚的感谢！

2014 年 1 月 于麓山脚下

内 容 简 介

　　本书作为我军第一部系统论述装备技术体系设计的理论专著,围绕装备技术体系理论和方法、装备技术体系设计、技术预见理论和方法、装备技术体系分析与评估等问题,着眼装备技术体系设计的需求分析、技术供应、体系生成和方案确定等各环节,从理论、方法、应用三个层次系统研究装备技术体系设计方法和技术研究,为我军装备技术体系设计由经验粗放式向科学精细化转变提供理论支撑。

　　本书可供系统工程、体系工程、军事装备学、管理科学与工程相关专业的研究人员、工程技术人员、管理人员参考阅读,目的是增强其对装备技术体系的全局意识,提高其对装备技术体系的知识水平和应用能力。

As the first theoretical monograph of our army which provides systematic discussion on armament technology system of systems, this book means to attach problems of technology system of systems architecture and its design, equipment and technology system technology system of systems design as a whole, technology system of systems analysis and evaluation, technology foresight theory and method. Focused main design steps of armament technology system of systems which include requirement analysis, technologies supply, SoS generation and scheme determination, this book carried out main study issues on in armament technology system of systems design in three levels of theory, method and application. This book can attribute to armament technology system of systems design transform from empirical and crude mode to scientific and fine mode.

Potential readers of this book can be professional researchers, engineering and technical personnel who are engaged in system engineering, SoS engineering, military weaponry science, management science and engineering. Benefits of this book include enhancing global awareness of armament technology system of systems, and improve knowledge level and application ability dealing with technology system of systems problem.